笹村　出 著

だれでもできる

小さい田んぼでイネつくり

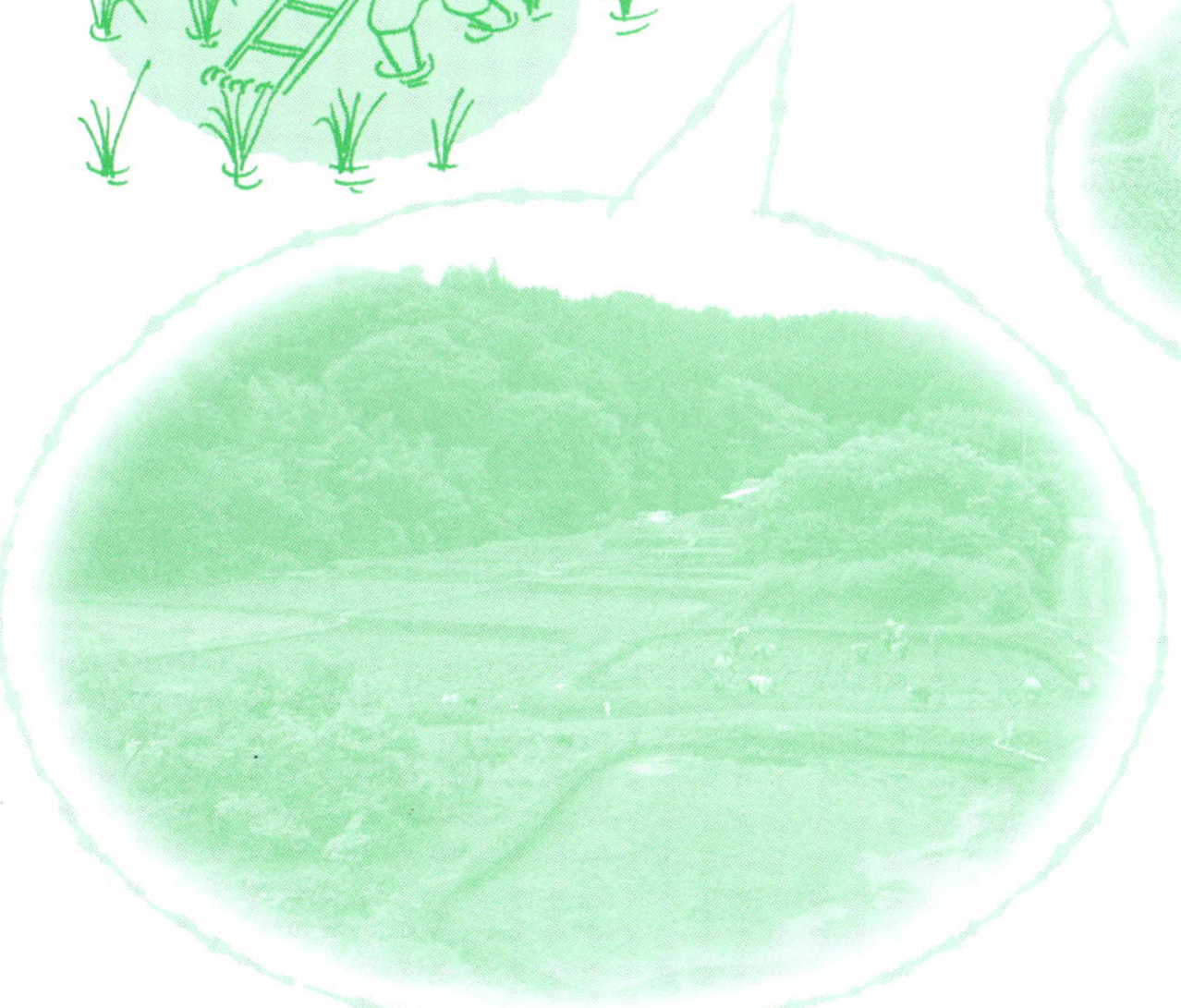

緑肥とソバ粕で100㎡60kg

農文協

まえがき

自給のための小さい田んぼをだれにでも取り組めるように書いた本である。私自身が農業未経験で、自給自足生活を試みた。傾斜地の杉の植林してあった場所に田んぼをつくったことが始まりである。案外に簡単に田んぼはできるものだ。それから30年、自給のための田んぼを続けてきた。この小さい田んぼのイネつくりをわかりやすく伝えたい思いが募った。農文協にお願いして、出版していただけることになった。

子どもの頃から鶏を飼っていて、その経験を『発酵利用の自然養鶏』として、２０００年に出版させていただいた。しかし、鶏を庭先で飼う文化のほうは風前のともしびである。だれでもできる自給のためのイネつくりのほうも、危ういところまできている。大規模な稲作は残るだろうが、伝統文化ともいえる、東洋４０００年の稲作法は消えかかっている。専業農家には無理なことなのだ。それなら、採算性など関係のない、自給に興味を持つ人たちが日本の伝統稲作を守る必要があるのではないか。この伝統稲作は、収量的には大規模稲作に勝る。しかも、収奪的なものでなく、４０００年同じ場所で継続できた有機のイネつくりである。

田んぼを復活させ、維持していくことは、日本の自然環境の豊かさを維持する一助にもなる。これができるのは自給的な、小さい田んぼ以外にはない。この本を読んでいただき、１人でも多くの方が小さい田んぼを始めてみてほしい。初めての方にもイネつくりができるように書いたつもりだ。

２０１９年2月末日

笹村　出

『だれでもできる　小さい田んぼでイネつくり』目次

第4章 小さい田んぼのイネつくりの実際

第5章 さらなる安定多収のために

第1章

小さい田んぼは昔のイネつくり

1　イネつくりは日本の伝統文化

日本の原風景を自らつくり出す喜び

日本は瑞穂の国と名乗るほどのイネつくりの国柄。イネつくりは日本の伝統文化といってもよいだろう。

私の子どもの頃の暮らしは今よりイネつくりと結びついていた。水というものを通して、イネつくりを中心にして集落ができていた。小学校には田植え休みがあった。田植えは村のお祭りのように華やいだ。江戸時代には国の経済も、お米が経済の（土地の価値を表わす）単位として存在するほど、国の基本とされていた。あの水が張られた田んぼの景観こそ、日本の原風景ではないかと思う（写真1－1）。あの風景の中に入り、風景をつくり出す充実は、ほかに代えがたいものがある。

そのイネつくりが経済として成り立たない。だから消えていく。それは仕方のないことなのだろう。いや待てよ。経済とは別にイネつくりはできないだろうか。そう思って自給のためのイネつくりの活動を「あしがら農の会」として始めた。そのイネつくりはより合理的に、科学的にと進めてきたものだったが、昔のイネつくりに近いものになっていた（図1－1）。

写真1－1　田植えのすんだ石積みの田んぼ

簡単に100m²60kgとれた

30代後半に、神奈川県山北の高松山の標高350mのところで、開墾生活を始めた。自給自足で暮らそうと、杉が植林された傾斜地を切り拓いて、田んぼをつくった。田ん

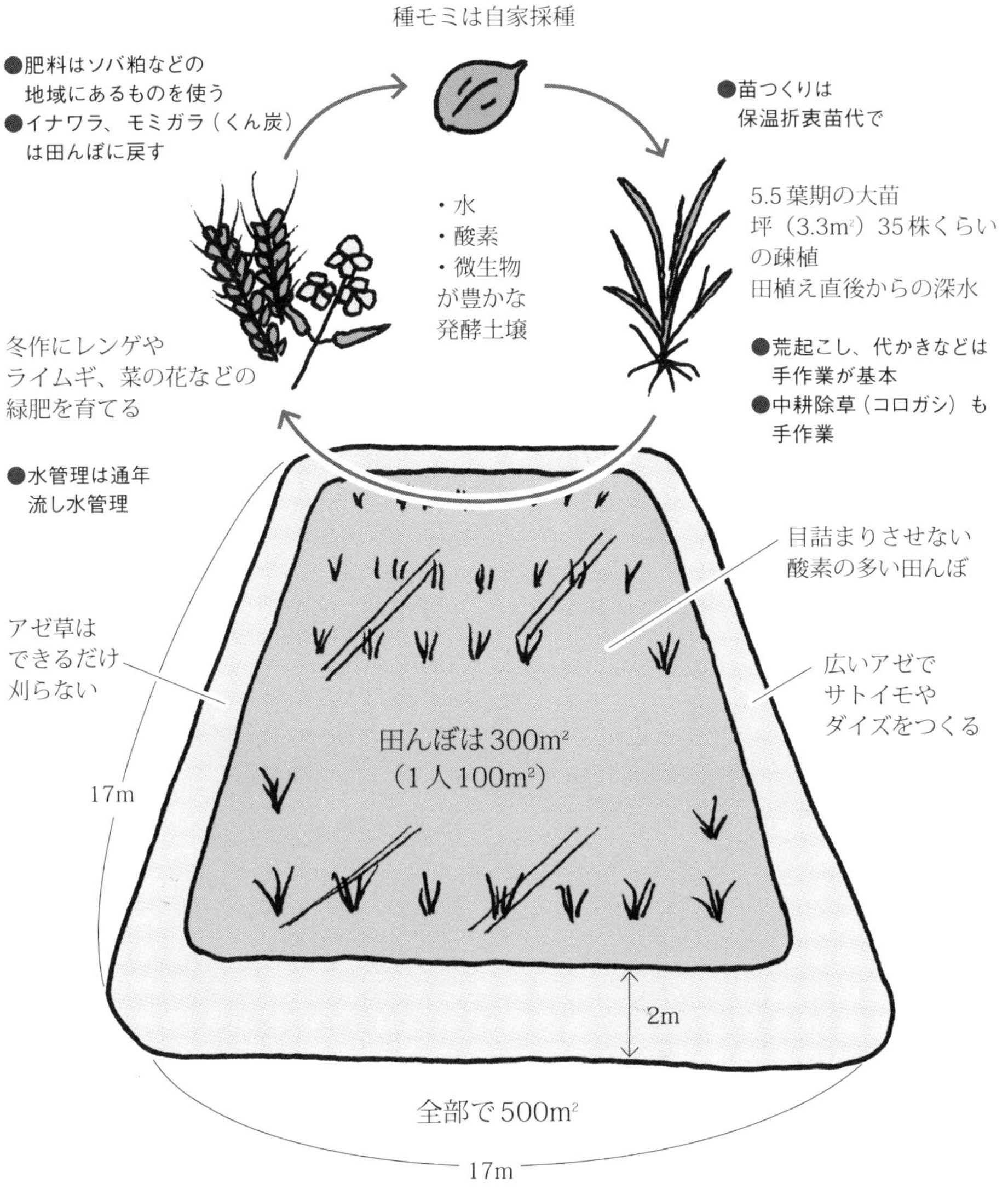

図１－１　小さい田んぼのイネつくりの基本理念（理想形）

ぼのつくり方も、イネのつくり方もだれに教わったわけではないが、１００m²の田んぼをつくりあげ、すべて手作業で行ない、60kgのお米を収穫することができた。１畝《せ》（約１００m²、約１a）で１俵（60kg）という、高収量をねらう農家の目標とされていた「畝《せ》どり」ができたのである。

意外というか、あっけないほど簡単に自給自足ができるようになった。野菜のほうはなかなか苦戦をしたのだが、お米は何よりも簡単にできるものだということを知った。お米は日本の水土に適合した作物でつくりやすい。なるほど、主食に選ばれたわけだと実感した。それから30年間、小さい田んぼのイネつくりをあしがら農の会の仲間とともに続けてきた。今では農の会では、お茶、ダイズ、ムギ、タマネギ、ジャガイモ、そのほか野菜つくりと、さまざまな部会に分かれ、活動をしている。

入ることが簡単で奥の深い世界

イネつくりは生き方を変えてしまうほどおもしろい。田んぼという湿地の自然環境は、生物多様性の宇宙がある。一度田んぼの世界に足を入れると、簡単には抜け出られるものではない。

田んぼに入る水と、出ていく水の水質の違いを測定してみた。それによって田んぼの中で起きていることがわかるのではないかと想定したのである。結局中途半端になってしまったが、素人であっても学問に加わったような醍醐味すら味わえる世界なのだ。

入ることが簡単で奥の深い田んぼの世界に触れてみてほしい。だれにでもできる小さい田んぼがじつは、食糧生産という暮らしの基本にあるものを変える。そこから生き方まで変わっていくはずだ。私は絵を描いてきた人間なのだが、イネつくりをやったことで、安心して絵を描いていく気持ちになれた。明日食べるお米を自分でつくっている。このことで心の自由というものを得ることができた。

2 田んぼとイネが暮らしを安定させてきた

水があるからイネが安定して育つ

家庭菜園で野菜をつくっていた人がイネつくりをやってみて、あまりに簡単なので驚いたといわれる。イネつくりは、始める前には田んぼには池のように水が張ってあり、ちょっと厄介そうな場所に見える。それなのに始めてみると簡単であっけないという感想を持つことになる。

その理由は水があるからだ。水というものをうまく扱うことで、イネの生育が安定する。雑草は畑に比べると、水があるので生えにくい。水は激しい気象の変化もやわらげてくれる。水のおかげで田んぼはいくら連作をしても、まったく問題が出ないという優れた仕組みなのだ。肥料も山の水が運んできてくれるので、多くを運び込む必要がない。水は荒れ狂えば土砂災害を起こすが、田んぼの湛水能力によって洪水を防ぎ、気象まで穏やかなものに変える。水とのかけ引きを通じて、水はイネつくりを手助けしてくれる。

写真1－2　豊かな田んぼの生きもの

豊かな自然を全身全霊で感じる暮らし

イネつくりをやってみるということは、日本という豊かな自然を全身全霊で感じながらの暮らしになる。

朝露に濡れながらの田回り、カエルの鳴き声、ホタルの光、赤とんぼの夕暮れ。小さい田んぼはまさに自然の中に溶け込むような、里山に織り込まれていく世界になる（写真1－2）。

大きく自然を改変しないでお米を生産する、日本の伝統的な里山の手入れの世界である。自給の田んぼは自然と折り合いをつけていく心の安寧の場でもある。1年の実りが1年の自給を約束してくれる暮らし。自分の日々の営みが、自分の命を確かに受け止めている暮らしが、そこに始まる。

3 江戸時代の田んぼは冬作もつくっていた

食糧としてのムギ、油としてのナタネ

暖かい地域の田んぼでは裏作に何か作付けをするのが本来である。ムギをつくることが優れたやり方だと思うが、ムギとお米を同じ耕作地でつくることは耕作期間の問題でよほどの能力がなければできないことである。これを実現していた江戸時代のお百姓はすごい力量だと思う。私にとっては耕作の複雑な重なりで能力を超えていた。2、3度試みたが、あまりの煩雑さに耕作の手順感覚が耐えられなかった。

ここ小田原付近では冬のあいだにナタネ油をつくった田んぼが多かったのだろう。ナタネもつくったことがあった。そのときは40kgも収穫した。ところが、そのナタネを油にして食べようと考えていたのだが、心臓によくないものを含有しているらしいという話を聞いて、油にはしなかった。江戸時代は明かりの油だった。電気がない時代、行燈《あんどん》の油は必需品である。これをつくり、江戸に出荷するのが小田原の農業の形だった。

冬作が田んぼの土壌をよくする

今の時代、田んぼで裏作を行なう人は少ない。それで田んぼは冬のあいだ何もつくらずに寒風にさらされている。これはあとでも述べるように、田んぼの土壌にとってよいことではない。耕作地というものは何かがつくられているほうが土壌にとってよい。何かに覆われていることで土壌の微生物環境がよくなる。

その連作できるよい作物を探したのが、東洋4000年の循環農業だと考える。つくり続けることでよくなる土壌の在り方。冬にムギをつくり、食糧にする。さらにムギワラの利用。家畜のエサであり、屋根材にもなる。菜の花をつくれば菜花として食べる。家畜のエサになる。そして明かり油になる。こうして冬も田んぼが利用されることで、田んぼの腐植（地力のもとになる土壌有機物）量を増やすことにもなる。冬のあいだ生きた根が田んぼの土壌に張り巡らされるということも、土壌の物理性の改善になるだろう。

そのレンゲや菜の花やムギが冬の農村景観を緑豊かなも

のにし、江戸時代の美意識を生み出した。生産の場所が美しいものであるということが、そこで暮らす人々の誇りであり、歓びでもあった。農業は大地を潤す芸術でもある。

農の会では冬作の緑肥をさまざま試作し、今に至っている。

4 昔のイネつくりこそ多収できる

1人100m² 60kgとれば自給できる

人間は自分の力だけで食糧の自給が可能だ。まったくの素人だった私が30年間試してきた自給生活の結果を書いておく。1日1時間田畑で働き、300m²の土地の広さがあれば食糧自給ができる。歩数計で計れば、1日1万歩の労働で自給生活はできる。お米は100m²で60kgとれる（写真1－3）。

しかも、自給農園でできた作物はどこでつくられたものよりもすばらしい食糧になる。身土不二の実現がだれにでもできる。すべての日本人が自給農業をしたとしても、日

写真1－3　およそ100m²の田んぼ

本の農地に収まるという計算になる。

ここ小田原市久野で一番収量の多い田んぼが私たちの田んぼである。作物の栽培には適さない、谷間の陽射しの少ない田んぼで、畝どりを6年間連続して達成している。条件のよい平地の田んぼではさらに収量が多かった。まえにも述べたように、畝どりとは田んぼ百姓の目標である。1000m²で600kgのお米をとることだ。1人が年間60kg食べるとすれば（平成25年の日本人の1人当たりの米の消費量は57kg）、100m²の田んぼをやればよいということになる。

機械を使う以前の昔のイネつくり

なぜ、有機栽培の小さい田んぼは多収できるのか。化学肥料や農薬を使わないイネつくりでは、機械化した近代農業よりも収量が少ないと思われている方には不思議と思われるかもしれない。その簡単なイネつくりのやり方をこれから書いていく。難しいことは何もない、機械を使う以前の昔のイネつくりの話である。

イネという作物の自然の姿を再現するように、本来の性質を生かして、十分に育てることができればイネは元気になり、たくさん実らせるのは当たり前のことになる。人がつくり出す田んぼとイネの自然の姿を十分に理解することができれば、だれにでもできる小さい田んぼである。

5 若者は田んぼをめざす

田んぼは勤めながらできる

こうして1人で山の中で始めたイネつくりが、30年が経過して200人の農の会という規模の自給農業の仲間になった。人を募集したことは一度もない。自然に集まってきた人たちである。

じつは若者は荒野ではなく、農業をめざしているようだ。気配を感じる。青年が荒野をめざすのは野性の本能であろう。今や人間の野性が失われてきたから、なかなか荒野をめざす青年は少ないのだろうが、それでも田んぼは若者を惹きつけるようだ（写真1－4）。

ブログで自分の活動を書いてきた。それを読んでだと思うが、田んぼをやりたいという人が訪ねてくる。最近、訪ねてくる人には変化がある。以前は新規就農したいという人だった。就農はなかなか難しいことなので、荷が重い相談だった。今は仕事をしながら田んぼをやってみたいのだが仲間にしてもらえないかというような話が多い。うれしい気持ちで相談に乗れる。

大企業に勤務していて、新幹線通勤をしながら小田原で田んぼができないかという人が何人かいた。実際にご主人は勤務を続けながら、奥さんが新規就農したという家族も4軒ある。ご主人が新規就農して、奥さんが東京勤務という家族もいる。そういうことが可能なのは、イネつくりだからだ。そうした人がやる小さい田んぼだからこそ、農家以上の収量の稲作が可能なのだ。

小田原の農家のイネの収量は1000m²で500kgぐらいだが、私たちの小さい田んぼでは600kgの収量である。私たちが少しでもラクでたくさんとれるようにと進めてきた小さい田んぼのイネつくりは、全国どこでも、初めての人でも可能なすばらしい農法だといえる。

写真1－4　さまざまな世代が田んぼを楽しむ

農家を超えたイネつくりができる

勤めながらのイネつくりは、別段新しいことではない。兼業農家は皆さんそうしてきた。イネつくりは田植えとイネ刈りのときだけが忙しい。あとはさしたることはない。それは小さい田んぼであっても似たようなものだ。イネつくりは田植え、草取り、イネ刈りの3回に集中して時間が必要になるが、日常管理はそれほど時間がかからない。小さい田んぼは採算の心配がない。楽しいうえに、農家よりも多収して、農家よりも品質がよくなる。化学肥料や農薬を使わないのだから、間違いなく上質である。

一番の違いは天日干しである。天日干しをすれば、おいしいお米になることは、農家ならだれでも知っている。しかし、天日干しとなると大規模農家には不可能なことになる。それは魚の干物が天日干しをやめて機械乾燥になったことと少しも変わらない。

勧めをしながら、勧めをやめないでイネつくりをやってみてもらいたい。そうすれば、農家を超えたイネつくりができる。

これほどお勧めしたあとで、本音を書いておけば、この自然にしたがうイネつくりは「技術」が必要になる。自然を理解する科学的な思考法が必要になる。化学肥料を使い、病気の予防に農薬を使う農業よりも、観察力を必要とする。病気が出たときには農薬を使えばいいからというようなご都合主義では大失敗をするだけである。小さい田んぼのイネつくりは独特の技術体系になっているということは理解しておいてもらいたい。

第2章

田んぼの借り方・始め方

1　どうやって田んぼを借りるか

簡単に借りられるようになってきた

初めてであれば、どうやって田んぼを借りるかが難問になるだろう。時代が変わり、田んぼはだれでもいつでも簡単に借りられるものになってきた。都市近郊の田んぼは、かなりの速度で放棄が広がっているからだ。法律的にはいまだハードルが残っているのだが、実際はもうだれでもやってもらえればありがたいという農家が増えている。それほど田んぼの放棄が進んでいる。

中山間地はその地域自体が消滅していくところさえある。移住して田んぼをやりたいと考えればいつでもやれるはずだ。小田原周辺のような都市近郊では農地の大規模化ができないところのほうが多いため、専業農家が耕作するには中途半端な田んぼがたくさんある（写真2−1）。まずは、勤めながらのイネつくりであれば、都市近郊がよいだろう。都市近郊では農地に対する資産的意識が強い。安心できる借り手を待っている状態と考えてもよい。

役所の農政課や農業委員会もさまざまなプランを用意している。市民のイネつくりをバックアップする体制を持つ自治体もある。役所に相談に行くのも一つの方法である。しかし、行政の職員としては法的なハードルを無視できないのも現実なので、職員によって対応が異なるのが現状だ。役所に行って疲労してしまい、イネつくりを諦めるのはまだ早い。

有機農家に手伝いに行く

お勧めの方法は、お手伝いで田んぼに行くことだ。できれば有機農業の農家がよい。有機農業でやっていれば、草取りなどの人手を必要としている。未経験者でも役に立つ仕事がある。勉強させてもらいたいので手伝わせてくださいといえば、それなりに受け入れてもらえるはずだ。

有機農家はどうすれば探せるか。日本有機農業研究会に相談してみることだ。有機農業の農家を紹介する本も出している。そのほか直販をしている有機農家はホームページを持っていることが多い。ネットで探そうと思えば探せるはずだ。ネットで見つけたら、お米の購入から始めるといい。食べてみて気に入ったお米の農家を訪ねる。

作物栽培自体を好きな人だからやれるのが小さい田んぼである。つくったお米を食べずに売りたいという人はまた別の話だ。小さい田んぼをしたいということは、つくったお米を食べたいということでなければならない。お米の農家のお客さんとなり、まず知り合うことだ。つくる人も自分のお米を食べている人は特別な人だ。何度かお米を送ってもらえば、人柄もわかる。次に見学である。お客さんの見学を受け入れない農家はまずかかわらないほうがよい。忙しいので受け入れないというような農家であれば、分野の違う農家なのでかかわっても仕方がない。見学まで進めば、お手伝いさせてもらいたいとなっても不思議はない。

手伝いに行っていて見込みがあれば、田んぼを自分でやってみたいのだが、という話も聞いてもらえる。いずれにしても一緒に働いてみることだ。働きながら気持ちが通じるのがイネつくりだ。体を使って毎日働いている人は、一緒に働いてみれば、その人の思いが本物か偽物かわかるものだ。農の会に来る人でさえ、口だけの人がある。農家は懲りていることも多いはずだ。まずは誠心誠意働く。そのことで心が通じて、田んぼを借りることができるはずだ。そこまでやってもうまくいかない人は、私を頼ってもらいたい。

写真２－１　農の会が管理している、大規模化に向かない中途半端な田んぼ

2　どんな田んぼがよいのか

できるだけ南西が開けた田んぼ

最初に田んぼというものがどんなものか把握したい。田んぼは水のたまる湿地である。水が漏れにくい土壌がよい。土壌は細かな粘土質がよい。水はたまらなければならないが、排水をしてすぐ乾くような場所でなければ作業

ができない。水がわき出ているような場所では困る。田んぼは水の調整が日々必要になる。住んでいる家と近いほどよい。水が自由に豊富に来る場所がよい。その水は生活排水のような水ではなく、雑木林の山からの絞り水がよい。植物が育つ場所だから、日当たりはよい場所になる。

以上の前提で理想の田んぼを探すことになる。田んぼを自由に選ぶことは難しいことではあるが、小さい田んぼは案外に真っ先に放棄されることが多いので、探すことは可能かもしれない。里山の谷の奥にあるような田んぼだ。日当たりが悪い場所が多いが、できるだけ南西が開けた田んぼを探す。朝日よりも夕日のほうが暖かい。あとに述べるように、冬には緑肥をつくりたいので、雪のないそれほど寒くない地域のほうがやりやすい。

夫婦、子どもで500m²の田んぼ

小さい田んぼのイネつくりの広さは300m²ぐらいが適当である（写真2―2）。300m²で180kgのお米を収穫することができる。夫婦で共稼ぎ、子どもの協力もあるとなれば、機械力を用いない田んぼ500m²で300kg収穫することができる。この本では、500m²（半反、5畝）の田んぼを想定して書いていく。小さい田んぼは手作業を中心にしたイネつくりになる。

小さい田んぼのアゼは土でつくるほうがよい。多くの田んぼのアゼがコンクリート化されてきている。土のアゼの田んぼを借りるのは難しいかもしれない。もし500m²の田んぼを借りられたならば、周囲の200m²を土のアゼにしてしまい、アゼを広くとり、田んぼは300m²にする。アゼを家庭菜園と考えればよい。アゼにイネ科以外の作物をつくり、環境のバランスをとる。アゼを広くとって、サトイモやダイズをつくるような複合的な田んぼが、小さい田んぼの理想の田んぼである（9ページ　図1―1）。

田んぼの土はどんな土がよいか。粘土分が多ければありがたい。もし山の落ち葉がすぐ入る場所に田んぼがあれば、長年落ち葉が降り積もり、粘土分の多いよい土壌になっている。落ち葉が水にいつも入るような場所がよいということになる。

新しい田んぼより昔から田んぼだったところがよい。田んぼは耕作された時間が長いほど粘土分が蓄積している。田んぼは田んぼであることでよい土壌が育てられる。長年放置され草原になっていた田んぼは、草などが腐植として蓄積され、さらによい土壌になっていることがある。もともと畑だった場所を田んぼに変えるのではなかなか大変である。杉の植林された斜面を田んぼにしたことがあるが、田んぼらしい土壌にするためにやれることはすべてやってみて、3年かかった。

写真2－2　およそ300m² の田んぼ

日照時間が長いほどとれる

日照時間は長いほどよい。イネは日照が十分に必要な作物だ。日当たりがよいという条件の土地は何万年もそういう条件が続いたということになる。

日陰になるような山の陰であれば、収量の期待はできない。平野部であれば、家が日照を邪魔することもある。夏はよいが冬は日陰になるというところも、緑肥の栽培には苦労することになるので避けたい。

昔の人は日当たりの一番よい場所を田んぼにした。暮らす家のほうは日陰の悪い場所にした。雪国の人には申しわけないが、冬も草が育つ場所のほうがよい。

水がいつでも入れられる田んぼ

最後に、田んぼで一番大切なものは豊富な水だ。雑木の山が背後にあり、その山からわき水がしみ出している。その水で耕作できるような田んぼが理想的である。山の絞り水が十分にあり、その水だけでやれる田んぼが最高である。落ち葉堆肥の絞り水がつねに入水できるのだから、よい田んぼになるに違いない。

水の取り入れや排水は自分で調整できる田んぼがよい。わき水で水が冷たくても、管理次第で水温は上げることができる。

多くの平地の田んぼは入水時期が遅い。そのために苗代ができない場所がほとんどである。小さい田んぼのイネつくりには不向きだ。平野部の田んぼ地帯の中の田んぼであるとしても通年通水である田んぼを探したい。苗つくりをするためには、いつでも水が入れられることが必須条件になる。そしてできるだけ家庭の排水が入ってこない水系の田んぼを選びたい。

以上のような条件を満たすところはなさそうに思うが、じつはそうしたところのほうが放棄されている。山際の獣害の田んぼの場合が多い。狭い田んぼであれば、獣害は周囲をトタンで囲うことで対応できる。電気柵を使うなどの方法もある。放棄された田んぼを探して歩けば、見つかる可能性が高い。

3　費用はどのくらいかかるか

1人8000円で120kgのお米

お米は買うのが一番安い。それは、趣味の魚釣りと魚屋さんの魚とどちらが安いかというような話になる。趣味の魚釣りならば、釣っても放してしまう人さえいる。小さい田んぼのお米は買うよりは高くつくということは覚悟する必要がある。

最大の経費は労賃である。かかる時間を労賃で考えれば、これほど高いお米はないはずだ。しかし、その労働を負担と考えないで、楽しみと考えられれば、１kg１００円くらいの値段になる。昨年（２０１７年）の私たちのイネつくりでは、１人分の経費が８０００円で、１２０kgのお米の分配になった。

費用の第一は地代であろう。田んぼをただで使ってくれないか、もらってくれという人さえいる時代になっている。だが、無料はよくないと考えている。５００m^2で５０００円払う。１年間の借り賃である。大切な田んぼである。借りるほうも地主さんにお礼をするのは当たり前のことだ。だから、１万円とその田んぼでできたお米をいくらか持って行って食べていただく。

地代、種モミ代、緑肥のタネ代

種モミは５００m^2で５００gあればいいだろう。初めてならば農協に頼めば、１kg６００円くらいで売ってくれる。

小さい田んぼのイネつくりでは肥料は自分でつくる緑肥が基本である。緑肥のタネ代が２kgで１２００円前後。田んぼにまくソバ粕（41ページ参照）が1袋20kgでも１００円だ。これを20袋使うとして、２０００円。バインダーひも1本１０００円。これはワラが使えるようになれば、無料である。

ハザ掛けの竹竿がなければ、近所で竹やぶを見つけて切らせてもらう。後述するコンテナ干しにするならば、コンテナ箱は一つ600円くらいだ。ガソリンなどの燃料費5000円。道具に4000円として、全部併せて2万円くらいになる。これで、300kgのお米がとれる。

4 機械はなくてもやれるか

いっさいの機械を使わなくてもやれる

田んぼはいっさいの機械を使わなくてもやれる。私は開墾から始めて、100m²の田んぼをシャベルだけでやった。機械を使わないイネつくりでは500m²が限度である。この規模まであれば機械を使わなくてもよい作業も多い。まずそのよい例が田植え。農家の田植えは田植え機である。小さな手押しの2条植えが必要かどうかである。300m²なら手植えで1日あればできる。

では、田植え機ではどうだろうか。前日の機械整備から始まる。年に一度しか使わない機械は、前年どれほど整備してしまっておいたとしても、試運転をしてみない限り安心はできない。前日から眠れないほど心配になる。試しておこうとしても、代かきされた田んぼで、植えてみない限り試すことすらできない。さあやるぞと家族みんなを待たせて始めようとして、機械の故障。こんなことをくり返す。しかも慌てて機械屋さんに連絡しても、今一番の繁忙期だから持ってきたらそのうち見てやるよ、というようなことになる。日頃からのお得意さんの農家優先は当たり前だ。

農業機械とはそういうものである。よほどの機械マニアなら別だが、小さい田んぼでは機械は難物になる。もし500m²までの田んぼならいっさいの機械を使わなくても可能だ。

あったほうがよい機械

では、あったほうがよい機械とは何か。

1、草刈り機ぐらいだろう。緑肥作物を粉々に刈り取ることもできる。

2、軽トラックである。汚れてしまうようなものを運びたいことが多いのだ。その時期だけのレンタカー利用という手もある。ホームセンターで資材を購入すれば軽トラは貸してくれる。

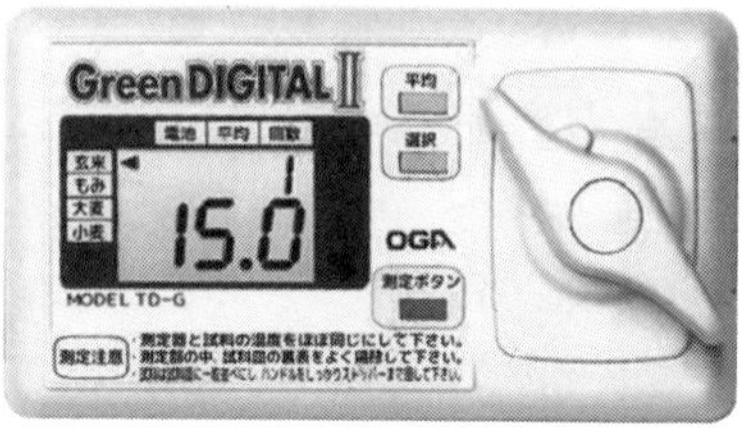

写真２－３　水分計（グリーンデジタル）

3、水分計（写真2−3）。たとえば、種モミの保存は13〜15%とか、脱穀の適期は15%とかがわかって便利だ。しかし触って噛んでみてわかるようであれば、水分計はいらない。売られている玄米は13%程度だから、感触を覚えることだ。

4、耕うん機。小さいものでもあれば確かにラクになる。できれば1台ほしい。しかし、重量のある耕うん機だと土を締め固めるので、鍬で耕したほうが透水性のよい田んぼになることは理解して使う必要がある。

機械はありがたいものだ。私は毎日使ってきた。機械を避ける必要はない。それぞれの条件を合理的に考えて使うべきものは使うほうがいい。さらに、手に余る作業があれば、農家に作業委託する方法もある。

小さい田んぼでは最小限必要なもので始めてみることだろう。一度手でやってみることで、機械のありがたさもわかるはずだ。機械を使うにしても、手で行なった代かきのよさを再現する機械操作になるはずだ。

5　1人でやるか、みんなでやるか

1人でやりたい人が多い

この本を手にする人は1人でやりたいと考えているはずだ。私は、杉林の斜面を1人で開墾して田んぼを始めた。イネつくりどころか、田んぼそのものを1人で開墾してつくれるのかという興味だった。人とのかかわりが嫌で、自給の暮らしを求めて山の中に入植した。農業に興味を持つ人の多くは「みんなで」などといわれただけで、ぞっとするであろう。

それでいいのだと思う。まずは1人で始めてみることだ。1人でやれるようになれば、次にはみんなで、という考え方を忘れないでいてほしいと思う。

子ども、女性、年寄り それぞれの仕事がある

イネつくりはみんなでやるということには、４０００年の合理性がある（写真２－４）。ここでいうみんなは、経済だけで動いている現代社会のみんなとは違うということに気づいてほしい。

田んぼには子どもにもできる苗を投げ込むような簡単でおもしろい仕事がある。鳥追いや水回り（水が回っているか見回ること）のような知恵を蓄積した年寄りならではの仕事もある。手の小さな女性のほうが適している手植えの田植え。そして重労働である田起こしは親父の出番。手先の器用な人には工作仕事がある（写真２－５）。アゼではしゃぐ子どもたちの笑い声にも、励ましの役割がある。人を笑わせる馬鹿話の話し手には、疲労回復の役割がある。ハザ掛けの竿を立ててみるとわかる。２人でやれば、倍以上早くなる。

小さなイネつくりは みんなでやる

田んぼを１人でやれるようになったのは機械が登場してからである。田植え機やイネ刈り機ができたので、１人

写真２－４　大人も子どもも参加する農の会の田植え

写真２－５　段差のある田んぼの階段。会員の手づくり

でも田んぼができるようになった。

　私の育った山梨の藤垈《ふじぬた》部落に田植え機が来たのは、昭和30年頃である。お祭りのように田んぼの周りにゴザを敷いて見守った。機械が植える田植えを弁当持ちで部落総出で見物に行った。ところが、その日の見物は機械の不調で延期になった。今でも機械というものはそういうものだ。

　５００m^2以下の、できれば３００m^2程度の小さい田んぼが機械のいらないイネつくりであるところに、生き残っていく可能性がある。農家は機械貧乏でイネつくりをやめていくのだから。

　その1人の人間の自由がじつはみんなの力になるということが人間の社会なのだと思う。1人でまず生きることができるようになることはすばらしい。そしてそれができたときには、みんなでやれるようになることを忘れないでいてもらいたい。1人の自給は1日1時間の仕事で可能というのは、じつはみんなでやるということがあるからだ。1人で孤立してやるなら、3時間かかるかもしれない。しかも、1人ではその技術を探すことすら難しいだろう。

6　小さい田んぼは無農薬有機で多収

小さい田んぼだから手をかけられる

　小さい田んぼのイネつくりがなぜ、農家のイネつくりを超えるのか。それは手間暇を計算しないからだ。小さい田んぼであれば、稲株一つ一つに名前を付けたくなるほど愛着がわくものだ。田んぼの理想を求めて徹底して手をかけて行なう耕作が可能となる。その意味では究極のイネつくりはすでに江戸時代に完成していた。1粒のお米も大切にする文化の中で、日本ではじつに手をかける究極の伝統稲作農業が完成していた。米という字から、八十八の手をかけるのがコメつくりだと教えられてきた。それが５００m^2以下ならば、だれにでもできるということになる。

　現代ではビニール資材など、江戸時代にはなかった優れた農業資材がある。品種においても江戸時代よりも優れた品種がさまざま作出されている。その土地にあった適切な品種を使うことができる。江戸時代の優れた稲作技術を学び、現代の農業資材を利用することができる。手間暇のかかる究極の稲作は小さい田んぼだからこそ可能となる。

化学肥料を使えば農薬が不可欠になる

農薬というものは小さい田んぼでは不要である。30年以上一度も使ったことはないが、病気や虫で困ったことは一度もない。種子消毒も行なったことがない。農薬は使わないという確信を持たなければならない。農薬に頼る気持ちがどこかにあれば、小さい田んぼのイネつくり全体が崩れる。野菜よりもイネは丈夫で問題が起きにくい作物だということをまず信じてもらいたい。病気は出ないわけではない。病気が出ても畝どりができるのが小さい田んぼである。病気が出たら、慌てて消毒などせずに、来年のためだと考えて経過を観察してもらいたい。たいていの場合は1割ぐらいの減収で適当に収まるものである。

化学肥料は使わない。それでも近隣農家よりも収量が少なかったことは一度もない。化学肥料は近代農業技術の根幹となっているが、化学肥料を使えば、農薬が不可欠になる。この二つはセットになっている。川の水には山の森からの恵みがある。山の落ち葉堆肥の絞り水が田んぼに来る。そのために田んぼは化学肥料なしでも問題がない。化学肥料を使わないから、無農薬が実現できる。畑で野菜をつくる苦労が嘘のようだ。

土づくりで農薬も化学肥料も不要になる

土づくりに手間暇さえかければ、農薬も化学肥料も不要になる。土づくりは手間暇がかかるために、大規模農家には難しい。小さい田んぼでは、この夢のようなことが可能になる。

小さい田んぼのさらなる有利な点は、冒険ができるということがある。冒険をしながら、その田んぼにあった農法にたどり着ける。専業であれば、今年はダメだったというわけにはいかない。安全を考え中庸をねらう。ところが、小さい田んぼでは究極をめざして、冒険的な試みがいくらでもできる。冒険的にその土地に適合するイネつくりの姿を試行錯誤して求めなければ、究極に到達することはできない。

小さい田んぼには研究的な試行錯誤が不可欠だ。ここ小田原の久野ではうまくいったとしても、ほかではうまくいくとは限らない。土壌の性格も、水の状態も、気候や日照が同じという場所はない。だから、イネつくりは1人1人が自分の田んぼで研究し発見していく農法になる。その基本となる方向性はこのあと説明して書いていくので、あとは自分なりに試行錯誤してみてもらいたい。田んぼやイネの観察の方法も書く。それぞれの小さい田んぼのイネつくりを探してもらいたい。その意味では、私自身も30年研究を続けてきたが、まだ途上といえる。

第3章
小さい田んぼのイネつくりの基本

１　１００m^2 60kgとれるまでのステップ

八重山民謡が好きで、三線を弾く。いい加減につくった唄ではあるが、でたらめに唄い楽しんでいる。いってみれば、「あしがら畝どり唄」である。楽しんで稲作に取り組んでいる。

5俵までは、捨てておけ
6俵の当たり前は、苗つくり
7俵とるのは、草取り、草取り
8俵望むは、土づくり
9俵超えるは、苗肥、穂肥
10俵決めるは、コロガシばかり
10俵上は、御天道様

何も考えずとも5俵（１０００m^2 ３００kg）はとれる。よい苗なら、かなり悪い条件の田んぼでも、手抜きの稲作でも6俵ぐらいはとれる。そこで草取りを徹底すれば、7俵まではいくものだ。

8俵までとるにはどうしても土づくりが必要になってくる。土づくりと一言でいっても、自分の農法に適合する土づくりである。そして、9俵はなかなか難しいのだが、1年を通した田んぼの肥料管理である。冬場の田んぼの管理をどうするか。田植え前の肥料はどうするか。そして追肥や穂肥が的確であれば、9俵のコメつくりができる。江戸時代の稲作では8俵が限界といわれていた。

最終目標の畝どりにはコロガシである。目標の１００m^2 60kgをめざすにはコロガシをくり返す以外にない。コロガシとは、手押し式の田車（中耕除草器）をイネの条間や株間に入れて土を撹拌することだ。酸素を送り込み、土壌発酵をよい方向に導く。

これらについて以下に書いていく。

写真３－１　畝どりの田んぼ

2 大苗をつくる

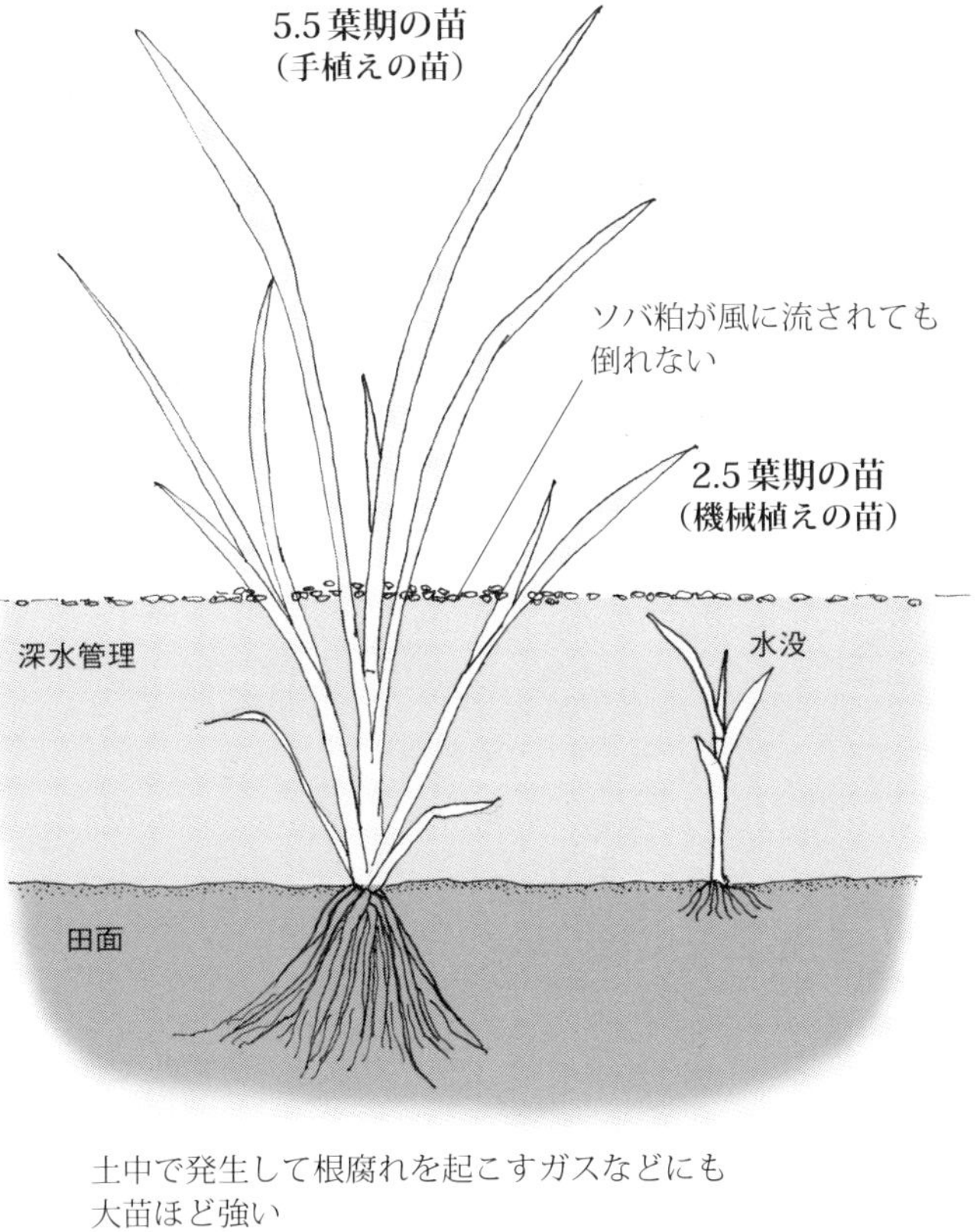
5.5葉期の苗
（手植えの苗）
ソバ粕が風に流されても
倒れない
2.5葉期の苗
（機械植えの苗）
深水管理
水没
田面
土中で発生して根腐れを起こすガスなどにも
大苗ほど強い

図３－１　深水に耐えられる苗は大苗（笹村原図）

手植え時代は大苗だった

稲作の基本中の基本は苗つくりである。第一条件は苗つくりとなる。よい苗をつくれば半分は成功したといえるほどである。よい苗であれば、その後起こるさまざまな問題を乗り越えることができる。昔から苗半作といわれてきた。これは機械植えの苗ではなく、手植えのための大苗をつくっていた江戸時代に考えられていたことだ。小さい田んぼのイネつくりではこの大苗つくりが最も大切なことになる。

深水に耐えられる大苗

なぜ大苗なのか。最大の難敵である雑草を防ぐためには、あとで述べるように田植え直後から深水にして、ヒエを抑える。さらには田植え直後にソバ粕をまいて日照を遮る。微生物を増殖させてトロトロ層をつくり、雑草のコ

写真３－３　農の会の保温折衷苗代。
種モミは苗代に直まき

写真３－２　5.5 葉期で２本の分けつ（矢印）が出ている苗がよい。分けつ力の強い苗

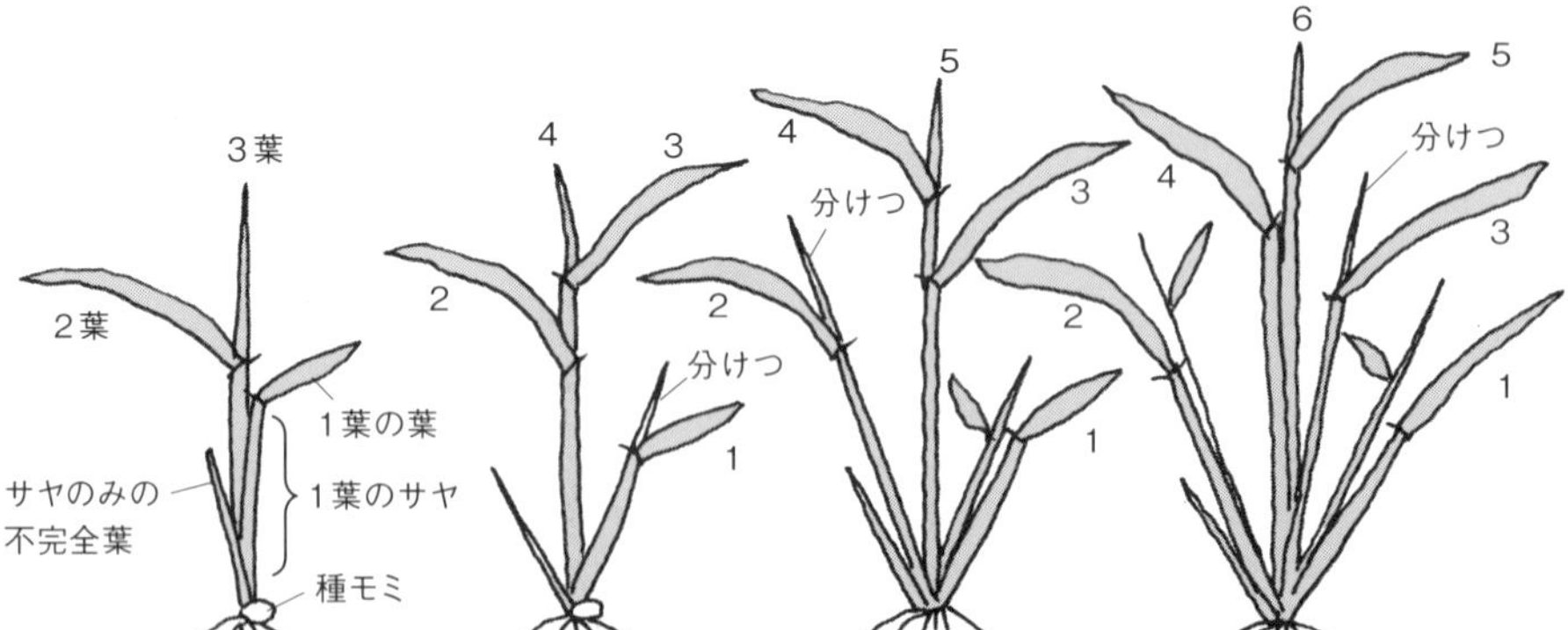

4葉が出るときに1葉から分けつが出る

5葉が出るときに2葉から分けつが出る

6葉が出るときに3葉から分けつが出る

図３－２　5.5 葉期までの苗の生育と葉齢の数え方

ナギの発芽を抑える。イネの苗を水没させず、ソバ粕が風に流されても倒されないためには、茎葉のしっかりした大苗でなければならない（図3－1）。

5・5葉期の大苗の根は、緑肥の腐食が進む土壌にも耐えることができる。

手植え時代の保温折衷苗代で

手植え時代の稲作では、田んぼの一角の苗代に種モミをまいて育てた5・5葉期の大苗が普通だった。その大苗をどうやってつくるかが問題にされていた。機械植えになって、苗箱にまいて育てるようになった3葉期の稚苗とは別の話である（写真3－2、図3－2）。

3葉期までの育苗は種モミの力で可能だ。ところが4葉期以降は自分の根の力と葉で光合成を行ない、生長をする。そのために大苗の出来は、種モミがまかれる土壌や環境に大きく左右される。

苗をつくらない直まき稲作をやれば、そうした苗にまつわるいっさいの課題は克服される。5～6回は直まきもやってみた。だがどうしても雑草が生え、イネの生育が負けてしまった。セルトレイの手植え苗も10年以上やった。セルトレイを田んぼの苗代に置いて、5・5葉期まで育てる方法である。この方法を始めてから畝どりができるようになった。ただし、セルトレイの小さいマスに種モミをまく播種作業に時間がかかるということで、今の苗代直まきの方法に結局は戻った。試行錯誤の結果たどり着いた方法が、江戸時代の古い方法である保温折衷苗代を変形したものである（写真3－3）。

3 疎植1本植えが基本

分けつが増えやすい、茎が太くなる

農薬も化学肥料も使わない小さい田んぼのイネつくりでは疎植がよい（写真3－4）。疎植1本植えだと苗数が最低数ですむ。苗床も少なくてよく、ゆとりのあるものですむ。ゆとりがあれば、管理がよくなる。5・5葉期の2本の分けつのある最高の苗をつくることができる。

疎植の苗がよいのはがっちり育つことだ（図3－3）。一つの株が占有できる面積が広い。日照は十分ある。根

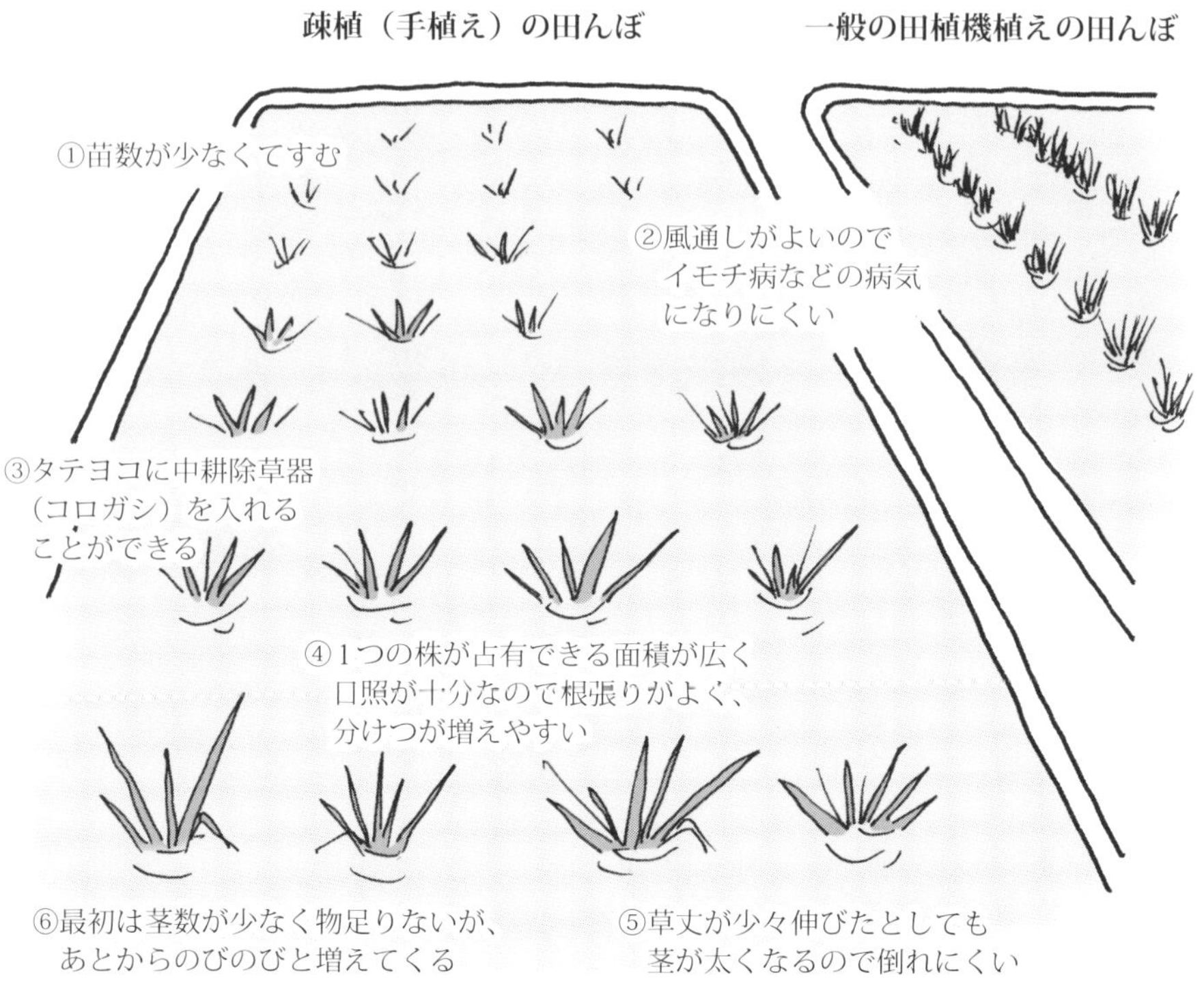

図3－3　疎植で病気や倒伏に強い苗

写真3－4　農の会の田植えは
29cm × 29cm の疎植

域も広いのでのびのびと広がる。そのために1株の分けつが増えやすい（写真3－5）。茎の太さは倍にもなる。面積当たりでいえば、穂数は同じかもしれないが、風通しがよいので病気になりにくい。最初の見た目の頼りなさの心配さえ乗り切れば、結果はよくなる。

土がよくなるにしたがって植え幅を広げる

私は29cm角植えである。土がよくな

るにしたがって、植え幅を広げてきた。尺角植えといわれる30cm角が目標である。23cm角から始めて、年々広げてきた。土ができていないあいだの田んぼでは、当初は分けつがとれない。分けつの不足を狭い間隔で植えて補うことで収量を増やす。しかしこれでは病気などのリスクを高める。そこで土ができるにしたがって、植える間隔を広げて疎植にしていく。

分けつがとれない株を出さないためには2本植えという手もある。苗の中にはほとんど分けつをしない性格のものも出る。2本植えにすれば補植の手間も減る。土がよくなり、タネがよくなれば、1本植えでも分けつがとれるようになる。農薬を使わないのだから、病気が出るのを避けるためにも、密植はよくない。

写真３－５　分けつが増えやすい疎植のイネ

4　深水を基本とする水管理

深水でヒエは防げる

水のかけ引きがイネの生育に大きな影響を与える。田植えが終われば、水回りである。私は1日3回も行きたくなる。それほど水の変化には興味がわく。また望ましい状態に水を保つことはそれほど難しいことでもある。

基本の考え方は深水である（図3－4）。常時8cm以上に湛水状態にしている。これでヒエを完全に防ぐことができるからだ（写真3－6）。特に田植えから1カ月は8cm以上に水は保たなければならない。

この時期深水だと分けつがとれないという考えもある。大苗を植えた場合、初期から8cm以上に水を保っても分けつは増えるので問題ない。分けつに影響するのは水温と初期の土壌の肥料分である。土壌に十分な肥料分がなければ、分けつはとれない。水深の影響はほとんどないといってよい。

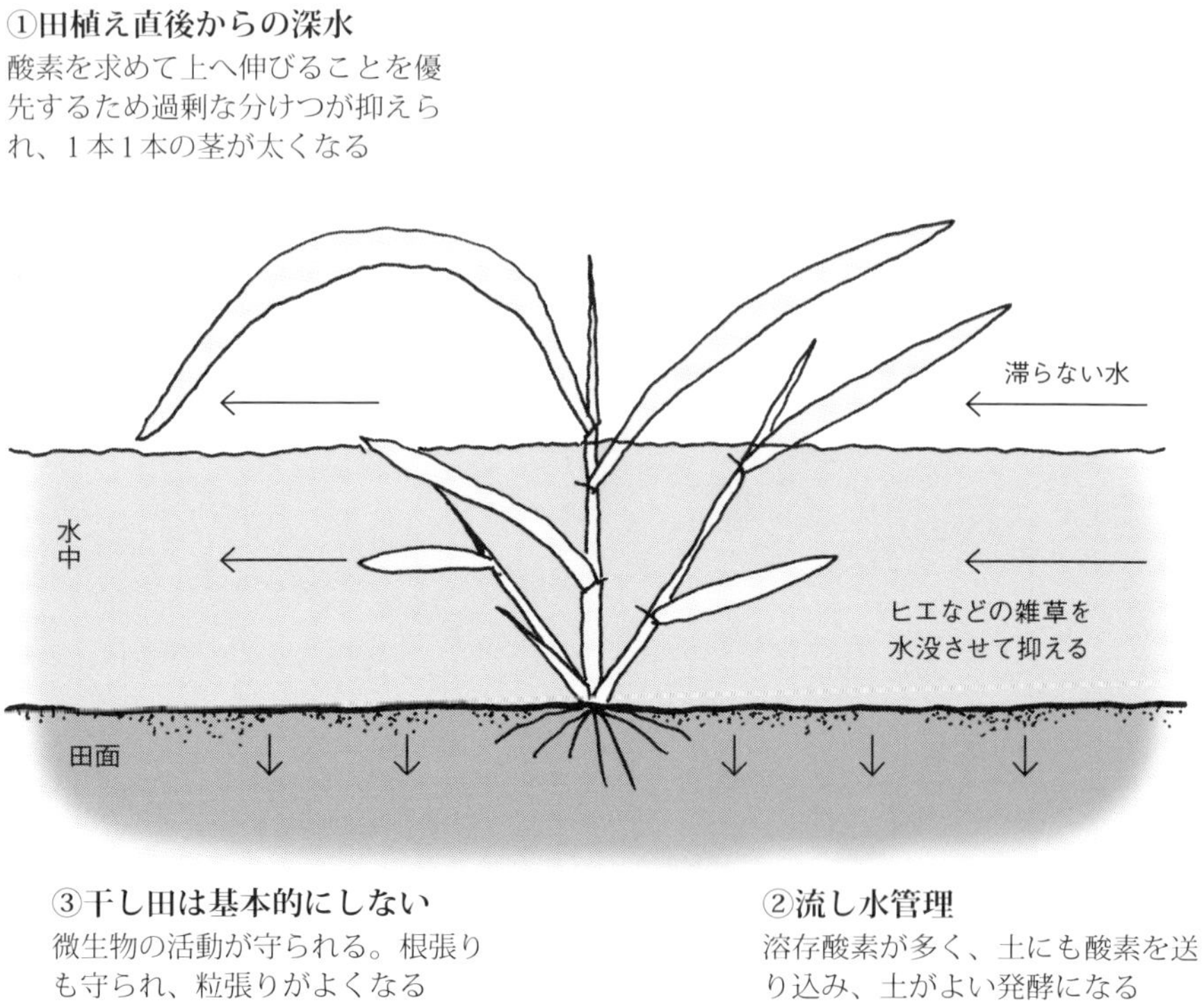
①田植え直後からの深水
酸素を求めて上へ伸びることを優先するため過剰な分けつが抑えられ、1本1本の茎が太くなる
滞らない水
水中
ヒエなどの雑草を水没させて抑える
田面
③干し田は基本的にしない
微生物の活動が守られる。根張りも守られ、粒張りがよくなる
②流し水管理
溶存酸素が多く、土にも酸素を送り込み、土がよい発酵になる

図３－４　イネの茎と根を元気にし、微生物を守る水管理

水が動くと土がよくなる、草も生えにくい

田んぼの水は滞らないほうがいい。つねに生きた水が行き渡る状態がよい。生きた水とは溶存酸素が豊富で、土壌に酸素を送り込んでくれる水。だから、落差がつくれる場合はそこで水を泡立ててやるほうがよい水になる。

写真３－６　草のない田んぼ

写真３－７　水温を上げる入水口の水路

ざる田と呼ばれる水持ちの悪い田んぼは一般に収量は低いといわれるが、つねに酸素が供給されるわけだから、じつは管理次第ではよい田んぼになる。ざる田の欠点は水温が低くなることだ。しかし温まった水がどんどんタテ浸透するのであれば、水持ちが悪い田んぼのほうが望ましいことになる。

初期生育や分けつに悪影響のある低温の水は、入水口にため池（水路）をつくり、温めてから上層の水が入るようにすれば生育不良を回避できる（写真３－７）。こんなぜいたくは水の足りなかった江戸時代ではできない農法なのだ。

水が動いているということは雑草も発芽しにくいという傾向もある。水路には田んぼ雑草はほとんど生えない。水の動きが早い場所ではコナギは増えない。

流し水がタテ浸透していると、土壌がよい発酵になり、腐敗傾向が抑えられる。土壌を撹拌するコロガシに近い効能がある。

４反（４０００㎡）が14枚に分かれた棚田を今やっている。一番上の田んぼから順次下の田んぼに水を流している。上の田んぼほど水量の多い、流れの早い田んぼになるが、それで問題が起きたことはない。入水口の田んぼが一番とれた年もある。１日中水を調整しながら入水して、最後の田んぼから水があふれることはないようにしている。水位の調整は水尻の調整板で行なう（くわしくは73ページ）。

水を切ると微生物が働けない

水管理で一番大きな問題は干し田をするかどうかである。干し田はそれ以降の生育を止め、収穫の機械が田んぼに入りやすくするためにやる人が多い。やらないですむのであれば、やらないほうが根を枯らさないので、よい栽培になる。

干し田の効能はいろいろいわれるが、有機イネつくりでは干し田は基本不要である。問題となるのはイネの倒伏と作業性である。機械を使わないのであれば、干さなくても作業に問題は起きない。

干し田をやらない効能はほかにもある。生きものの豊かさを維持できる。干し田のあとの田んぼのオタマジャクシの死骸の山は哀れなものである。田んぼの土壌ではさまざまな微生物が活発な活動を行なっている。これを干し田は一時中断し、変化させてしまうことになる。有機栽培の田んぼでは、微生物によって肥料分を生産しながらイネを育てるので、微生物の活動を中心に考える必要がある。

収穫直前まで水があるほうが粒が張る

水はイネ刈り直前まであるほうがイネの粒張りがよくなる。極端にいえば、水の中でイネ刈りをすれば一番よいはずである。水の中でイネ刈りをする覚悟なら、そのほうがよいお米になるくらいだ。

5　雑草はあの手この手でなくす

1本の雑草でも収量は減る

小さい田んぼのイネつくりには草1本ないということが大切である。

まず非農家が田んぼをやるのだから、そのくらいの姿勢をまわりの農家に見せなければだめだ。草だらけの田んぼで草生栽培をやれるのは、10年以上の実績がなければ周囲の農家の理解を得られない。草のタネを落とせば下流の田んぼの方の迷惑になる。

さらに有機のイネつくりでは、1本の雑草でも収量の減少につながる。日本のお百姓さんたちが命を削って田の草取りをしてきたのは、雑草が肥料をヨコ取りして収量を減らすということを身にしみて知っていたからだ。

田んぼの雑草にもいろいろあるが(図3—5)、特にコナギは完全になくすことはできないと思わなければならない。極力減らすことだ。それはありとあらゆる手段を駆使して、総合対策をする。「米ヌカ除草」という言葉が流布されたことがあったが、あれは間違いである。正しくは「米ヌカ抑草」である。除草剤のような効果のあるものは有機のイネつくりにはない。除草剤を使えば微生物の種類が減少するので使ってはならない。

ヒエは深水で抑えられる

雑草によって対策は違う。ヒエはま

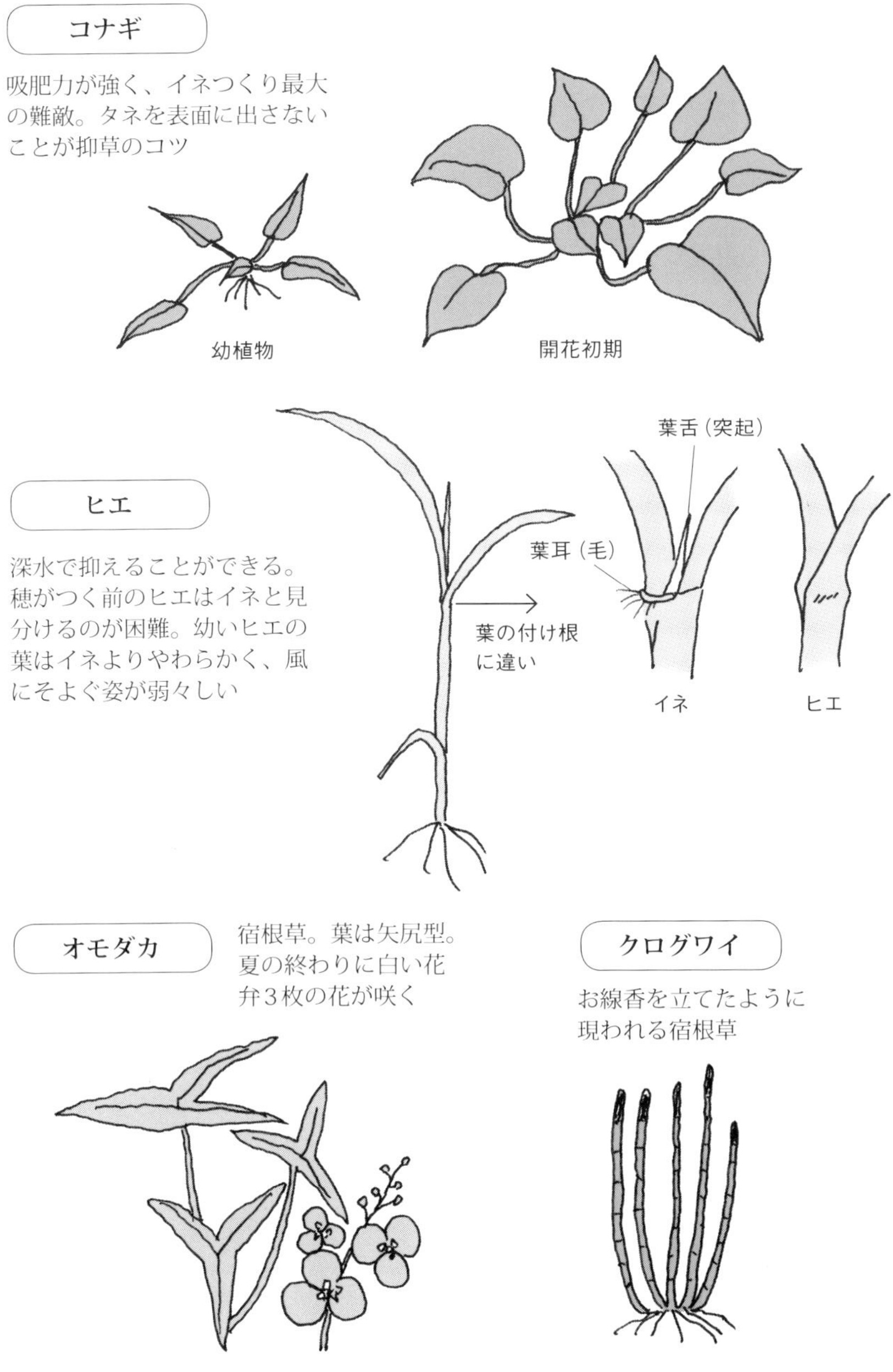
コナギ
吸肥力が強く、イネつくり最大の難敵。タネを表面に出さないことが抑草のコツ
幼植物
開花初期
ヒエ
深水で抑えることができる。穂がつく前のヒエはイネと見分けるのが困難。幼いヒエの葉はイネよりやわらかく、風にそよぐ姿が弱々しい
葉の付け根に違い
葉舌（突起）
葉耳（毛）
イネ
ヒエ
オモダカ
宿根草。葉は矢尻型。夏の終わりに白い花弁３枚の花が咲く
クログワイ
お線香を立てたように現われる宿根草

図３－５　田んぼの雑草

えに述べたように、深水で抑えられる。８cm以上の深水で管理すれば、３年すればヒエを見ることはなくなる。

深水管理をするためには、アゼを広く高くしなければならない。アゼを無駄なものとして、アゼ波シートを使うなど論外である。広いアゼの草をバンカープランツ（84ページ参照）と考える。さらに広いアゼにしてアゼを家庭菜園と考える。田んぼの周囲にある草が生きものを育む。田んぼという単一化された環境のバランスをアゼの畑がつくり出す。２ｍも幅のあるアゼなら、いくらでも深水が可能になり、ヒエはなくなる。

コナギはトロトロ層、緑肥すき込み、ワラ処理で

一番手ごわいのはコナギである。コナギはトロトロ層が厚くなると草のタネが埋没して発芽しにくくなる。

トロトロ層とは水を動かすと煙のようにわき上がる微細な泥を指す。トロトロ層をつくるためにはよい発酵土壌にすることだ。田植えの時点ですでに微生物の大発生がされていなければならない。大量の微生物が活動することで、トロトロ層が形成されていく。じつに軽くて、すぐに水をにごらせるようなものだ。細かな土というより、微生物の生成物である。コナギのタネよりも沈降が遅いので、コナギのタネを被覆することになる。あとでも述べるように、土がよくなれば、トロトロ層ができやすくなり、草は減っていく。しかし、それも田んぼの前半のことで、後半になってからのコナギの出現は、後述する深水コロガシか手取り以外にない。

コナギは生ワラが発芽の引き金になることがある。生ワラは田んぼには入れないほうがよい。ワラを田んぼに戻すことは腐植の増加のために必要なので、十分に堆肥化してから入れる。あとでも述べるように、堆肥にするということは大仕事になるので、冬のあいだ田んぼの土壌をワラで覆い、守る材料に使う。覆ったワラにソバ粕をかけておく。ひと冬でボロボロに風化している。腐食してからすき込むようにする。

クログワイや、セリ、オモダカなどの宿根草は手取りして絶やすほかない。小さい田んぼでは宿根草を取り尽くすぐらいはたやすいことになる。コナギ以外のこれらの草は一度なくなれば、また出てくることはまずない。

田植え直後のソバ粕まき

いずれにせよ雑草は総合対策でなくすほかない（図３－６）。その一つが、田植え直後のソバ粕まき。水面を漂うソバ粕によって日照を遮る。次第

◉ソバ粕とは

ソバ粉の製粉過程で出てくるものをひっくるめてソバ粕と呼んでいる。ソバの外皮やヌカのことである（写真3－8）。

　ソバの製粉過程では、5種類のものが出てくる。最初に混入物。次にソバの外皮のケバ。次にソバ殻といわれる外皮。そしてヌカ。さらに中央だけを使い真っ白な粉にするために出てくる白いヌカ。そのすべてを含んだものをソバ粕と呼んでいる。

写真3－8　ソバ粕

　ソバにはアレロパシーというほかの草を寄せ付けない作用もある。その抑草効果も期待している。

　ソバ粕の代用品はまずオカラ。オカラは重くて使い勝手は悪いが、成分的にはソバ粕よりよいという人もいる。オカラで成功した経験もある。次善の策としては米ヌカになるだろう。一番手に入りやすい。

　ソバ粕を使っているのは地域で出る廃棄物だからだ。地域の未利用資源を使うことも、小さい田んぼでは大切なことになる。探してみれば、何かあるはずだ。オカラがあれば、オカラを工夫して使う。米ヌカがあれば米ヌカ利用を考える。ムギのふすまなども使えるはずだ。同じ使い方はできないだろうが、その工夫をすることが小さい田んぼのイネつくりの醍醐味でもある。

に沈むソバ粕が土壌表面に被膜をつくる。その被膜もコナギの発芽を抑えるようだ。緑肥を田植え直前に緑のまますき込むと、田んぼで灰汁が生じる。緑肥の腐敗も早く起こる。これが雑草の発芽を抑える。しかし、緑草の生すき込みはイネの根への悪影響もないわけではない。そこで大苗を植えて、影響を最小限にするのである。

田植え後のコロガシ、最後の手取り

　次の段階が田植え1週間後からの田車による深水コロガシである（写真3－9）。

　徹底したコロガシを行なえば、発芽した草を浮き上がらせる。あるいは土の中にすき込める。コナギのタネをトロトロ層の下に埋没させることができる。土が煙のように舞い上がり、コナギのタネが先に沈み、その上に土が被

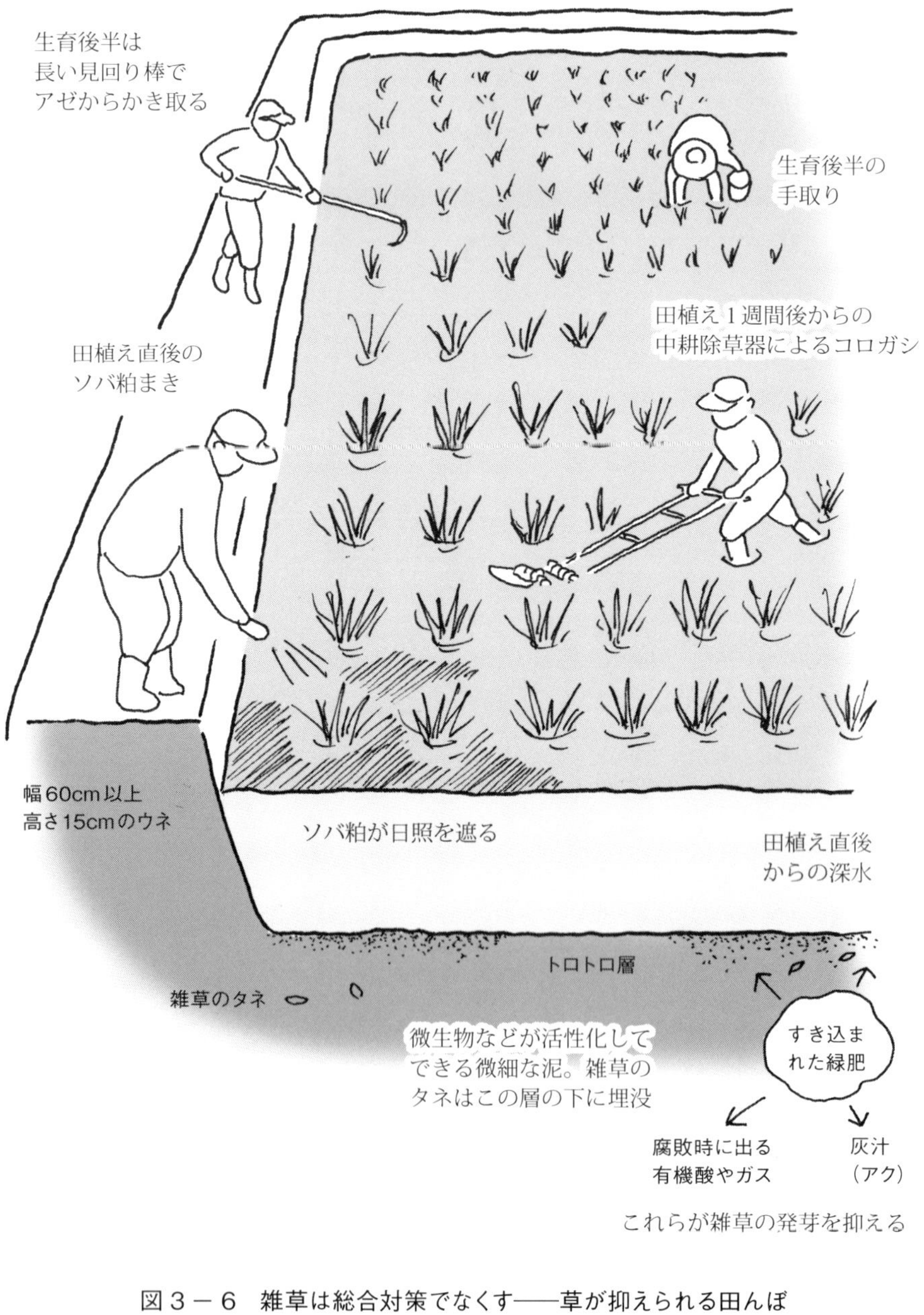

図３－６　雑草は総合対策でなくす——草が抑えられる田んぼ

写真３－９　田車（笹川農機など）。アルミ製が軽くてサビにくくてよい

覆するように降りてタネを覆ってくれる。水がにごっているあいだは田んぼから水を出さない。深水コロガシである。これをタテ方向、ヨコ方向と2回通す。タテヨコのコロガシのためにもイネは手植えの疎植でなければならない。コロガシは土壌環境の改善にもなるので、草が見えないようでもやる必要がある。

そして最後の手段が手取り除草である。何をやったとしても草は普通は残る。1年まったくなくなったとしても、突然出てくることもある。生育中盤から生えてくるコナギもある。残った草は徹底して手で取る。1本の雑草が収量を減らすのだと思い、取り尽くす。夏の暑い時期に一度は田の草取りをする。苦行のようなものだが、これで田んぼをやる覚悟がすわる。

田んぼ見回り棒でかき取る

水回りのときには長い見回り棒を持って歩く（写真3－10）。見回りながら雑草を見つけたらアゼから棒を伸ばして引っかきとる。これで田んぼの周囲2mは取りきれる。もし、雑草を取り残してしまったとしたら、せめて雑草のタネを田んぼに落とさないことだ。タネを付けたコナギなどはイネ刈り前に必ず持ち出す。

写真３－10　田んぼ見回り棒

6 緑肥とコロガシで発酵土壌をつくる

よい田んぼは腐植が多い

「美田を残す」といわれる美田とは、土壌のよい田んぼのことである。土壌は子孫が利用する頃によくなるというほど時間がかかる。よい土とはよい発酵をしている土のことであり、肥料を多くつかむことのできる腐植の多い土である。

どのような田んぼでイネつくりをするとしても、土をよくするためには腐植を増やすことに尽きる。腐植量が多すぎてだめになるなどということはない。田んぼからはお米を持ち出すことになる。耕作をするということは土から腐植分を減らすということだ。よい土をつくるには、手段を駆使して腐植の量を増やしていくということになる。

昔でいえば堆肥の投入、今は冬の緑肥

腐植を増やすには、昔でいえば堆肥の投入である。山の落ち葉を集めて、人糞や家畜糞を混ぜて、堆肥を積み上げて発酵させる。それを田んぼに戻していく。これができれば一番よい。だがこれはなかなか大変である。

そこで冬に緑肥をつくる（図3－7）。緑肥を毎年戻すことで腐植を増やしていく。そしてイナワラである。これも田んぼに戻す。

冬場に表土を寒風にさらすことも土にはよくない。表面の細かなよい土が飛ばされてしまう。日照や風にさらされると土の劣化にもなる。土壌は乾燥し、ボロボロになってしまう。緑肥やワラで表土を覆えば、湿度が保たれ、土壌微生物が守られる（写真3－11）。

土をよくするということは微生物を増加させるということである。微生物がよい土をつくり出してくれるから、微生物のエサを田んぼに入れて、微生物の糞を植物が利用する。微生物は生きものだから、育てるという感覚で田んぼに何度もソバ粕を投入するのだが、微生物にエサを与えているという感覚である。投入したチッソ分がイネの肥料になるという感覚ではない。

マメ科を基本に菜の花、ムギ類を使い分ける

緑肥には3系統ある。マメ科のレンゲやクローバ。アブラナ科の菜の花

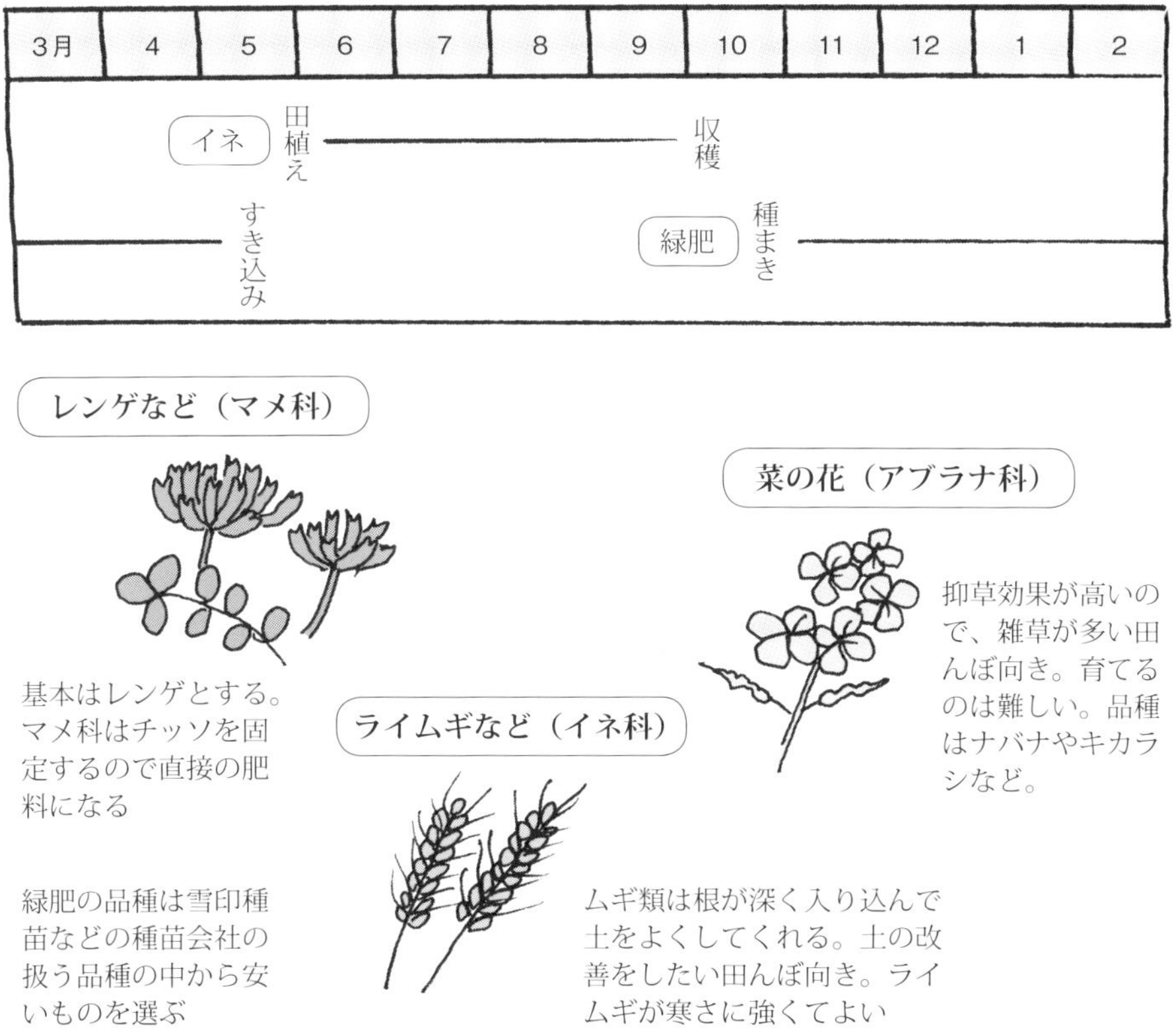
3月
4
5
6
7
8
9
10
11
12
1
2
イネ
田植え
収穫
すき込み
緑肥
種まき
レンゲなど（マメ科）
基本はレンゲとする。マメ科はチッソを固定するので直接の肥料になる
菜の花（アブラナ科）
抑草効果が高いので、雑草が多い田んぼ向き。育てるのは難しい。品種はナバナやキカラシなど。
ライムギなど（イネ科）
緑肥の品種は雪印種苗などの種苗会社の扱う品種の中から安いものを選ぶ
ムギ類は根が深く入り込んで土をよくしてくれる。土の改善をしたい田んぼ向き。ライムギが寒さに強くてよい

図３－７　冬は田んぼで緑肥を育てる

写真３－11　冬の田んぼを覆う菜の花とワラ

（写真3－12）。イネ科のライムギ（写真3－13）。それぞれの状況に使い分ける。緑肥は田面を覆い、土を守るとともに、土中では根が微生物と共生している。マメ科植物であれば、根粒菌が根に取り付いて増える。マメ科植物のレンゲやクローバやヘアリーベッチ

をつくる（写真3－14）。つくるものを変えていくのは、マメ科植物は種類を変えたほうがつくりやすいからだ。緑肥は冬の作物だから、十分茂らせることが難しいものだ。

基本の緑肥はマメ科である。だがマメ科だけを続けると、肥料過多が起こる。倒伏の原因になる。そこでタイミングを見て、アブラナ科をつくる。ナタネをすき込むことが抑草には一番効果があるようだ。そして、ライムギをつくる。イネ科植物は地中深く根が入り込み、土壌の改善を行なってくれる。うまくつくることができれば土壌改善には一番効果が高く、あとで述べるような腐敗土壌を減らすこともできる。またムギは根量が多いので腐植量の増加にも一番効果が高い。

つねに増やす努力をしているとしても、腐植量は簡単に増えるものではない。緑肥を2、3年やらないからと

写真３－12　菜の花（キカラシ）

写真３－13　ライムギ

写真３－14　ヘアリーベッチ

いって田んぼの収量が減ることはない。しかし、一度収量の減少が始まると、回復させるにはやはり数年はかかる。緑肥作物は3年先の貯金だ。

土ができて分けつがとれるようになった

以前の私のやり方では、分けつがとれなかった。田植え直後に肥料が効かないのだ。むしろ田植え直後にはワラの分解にチッソ分を使われてしまい、分けつが十分にとれなかった。それが解決できてから畝どりができるようになった。冬のあいだ十分に緑肥を育てること。緑肥を播種した上からワラをまいて、ワラに肥料をやるように冬のあいだにソバ粕を何度かまいて分解を早めること。こうして腐植の十分な豊かな土をつくり出せるようになって、分けつは20本を超えるようになった。

発酵土壌なら雑草も抑えられる

なお、ソバ粕と生の緑肥をすき込んだ場合、土が十分発酵型になっていないときには、そこに水が入ることで腐敗方向になってイネの生育に害を及ぼしてしまう。発酵型の土であれば、ソバ粕と生緑肥が即座に分解を始める。そしてトロトロ層を形成し、雑草を抑える（写真3－15）。

土はこのときニオイを発する。この微妙なニオイを嗅ぎ分けなければならない。害を及ぼす腐敗であるか（ドブのニオイがする）、自分の望む発酵であるかだ。発酵型の土になり、うまく調整ができるようになれば、生の緑肥をすき込むと草は抑えられ、イネがよく育つようになる。

写真３－15　草のない田んぼ。水が抜けたトロトロ層は土がつぶつぶになる

酸素が重要な要素

生の緑肥やワラがすき込まれた田んぼでは、どんなことが起きているのだろうか（図3－8）。田んぼでは発酵が起こり、わいてくる。すなわちガスが発生して泡が上がってくる。土壌がふわふわ状態になる。草のタネは埋没して抑えられるが、イネの根がガスで傷めつけられ、根腐れが起こる。ここ

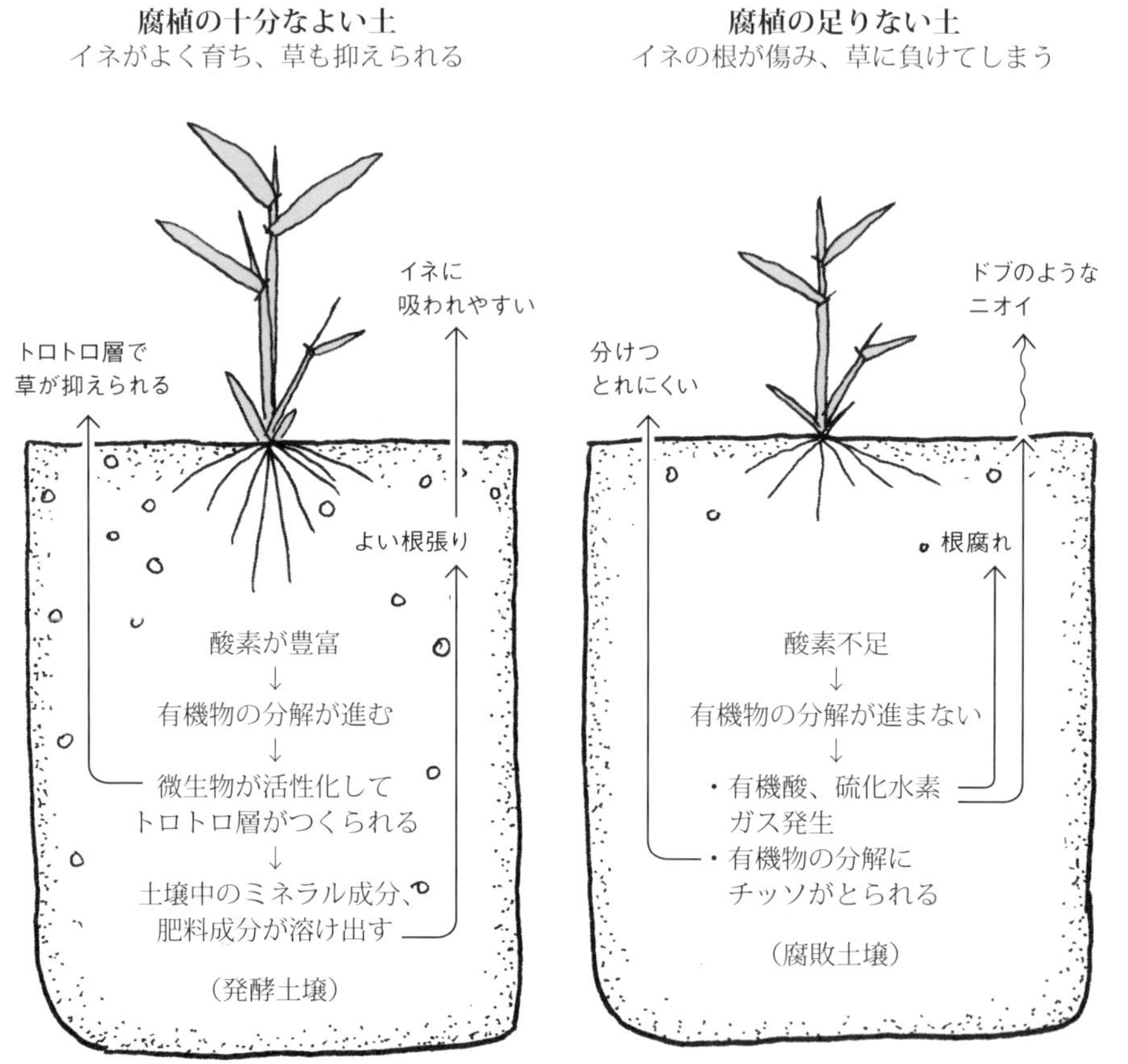

図３－８　最終目標はイネがよく育ち、草も抑えられる土にすること

をどのように乗り切るかが重要になる。

ガスがわくこと自体は悪いことではない。ガスの種類にもよるが、発酵が起き、ガスがわくのは当然の結果でもある。しかしわきといっても、よいわきもあり、悪いわきもある。よい発酵土壌になれば保肥力が高く、イネが肥料分を吸収しやすい土壌になっていく。悪い発酵（腐敗）になれば、イネの根腐れが起こる。

重要なことは微生物の種類と活動の活発さである。嫌気的な条件での発酵ではなく、好気的な条件での発酵をめざす。それには酸素が重要な要素になる。だから水をつねに流して酸素を送り込む。わくという一面悪いことをよいほうに変える必要がある。それがコロガシである。イネは足音で育つといわれてきた。土壌の撹拌をくり返すことで土壌に酸素が供給され、よい発酵の方向に進んでいく。

酸素不足によるドブ臭、根腐れをコロガシで改善

田んぼは田車によるコロガシでも土づくりができる。転がせば転がすほどよい田んぼになっていく。

田んぼの土が酸素不足になる過程をみてみると、まず冬のあいだ、乾いた畑状態になっている。本来であれば、川辺でそれなりに湿った状態で冬の寒い乾燥した期間を過ごすのであろう。しかし、たいていの田んぼは冬のあいだ土が乾いた状態になる。これは土の環境としては大きすぎる変化である。微生物を含めてさまざまな生きものが、この変化に耐えきれない。

そして春になり気温は上がる。田起こしをして一気に水が来る。そして代かきという大きな撹乱が起こる。土はそこから新しい調和を求めて活動を始める。さまざまな有機物を分解しようということになる。そこで酸素不足が起こる。

嫌気的な条件になり、ドブのようなニオイのする発酵が始まる。悪いわきである。歩くとブクブク泡が上がる。土はゆるゆるに膨張したようになり、苗がまるで浮遊しているようになる。ドブのようなニオイがするときは根腐れも起こす。

こうなる前に、田車で転がす。コロガシが通れば、イネはまるで息をついたようにホッとする。コロガシを行なった田んぼは翌朝、緑が濃くなり、葉の張りも根張りもよくなる。このときの土壌は、堆肥つくりで切り返しをすると酸素が送り込まれ、分解が進んで熱が出ることと似ている。

小さい田んぼのイネつくりの最終目標は、このような腐植の多い土である。雑草が抑えられ、イネはよく育ち、多収できる。

農家ではなく市民が田んぼをやるのだからこそ、多収をめざさなければならないと考えている。周囲の農家より収量が多いという形で自分の熱意を示し、田んぼの仲間として認知してもらおうと私はしてきた。

7　小さい田んぼの理想のイネの姿

背丈の低いススキのような株姿がよい

小さい田んぼのイネつくりの実際のイネ姿とはどのようなものか。目標が初めに理解できれば、技術の実際もわかってもらえると思う（図3－9）。

現代のイネの品種はおおむね背丈を低く改良されている。100cmを超えない株がほとんどである。イネは背丈が低ければ倒れにくいからだ。イネが倒れることを倒伏という。倒伏にもさまざまあるのだが、根元が折れるように倒れてしまうとそこでイネは枯れてしまう。収穫は激減する。

究極のイネの姿は穂が重すぎて太い茎が弓なりになって重さに耐えている姿だ。私がつくる神奈川県の奨励品種のさとじまんであれば、小さい田んぼのイネつくりでは120cmの背丈になる（写真3－16）。

背丈の低いススキのような株姿がよい。ずんぐりがっしりとした株。茎は直径8mmから10mmはほしい。大きく太陽を受けるように四方に開いている株がよい。開いているが力があり、まっすぐと伸びて垂れ下がらない。根は深く広く張れば張るほどよい。

分けつという1株の株分かれ数は平均で20本以上が目標である。背丈はさとじまんで120cmにとどまってもらいたい。これ以上大きくなると倒れる可能性が高くなる。葉は大きく厚くなければならない。特に止め葉という最後の葉は20mmの葉の幅で長さが60cmほしい。株は握ったときにバリバリと手を切るような感触があり、株全体を握ると手に余るほどであり、曲げてみると硬く強いバネのような反発がある。

写真3－16　収穫期のさとじまん

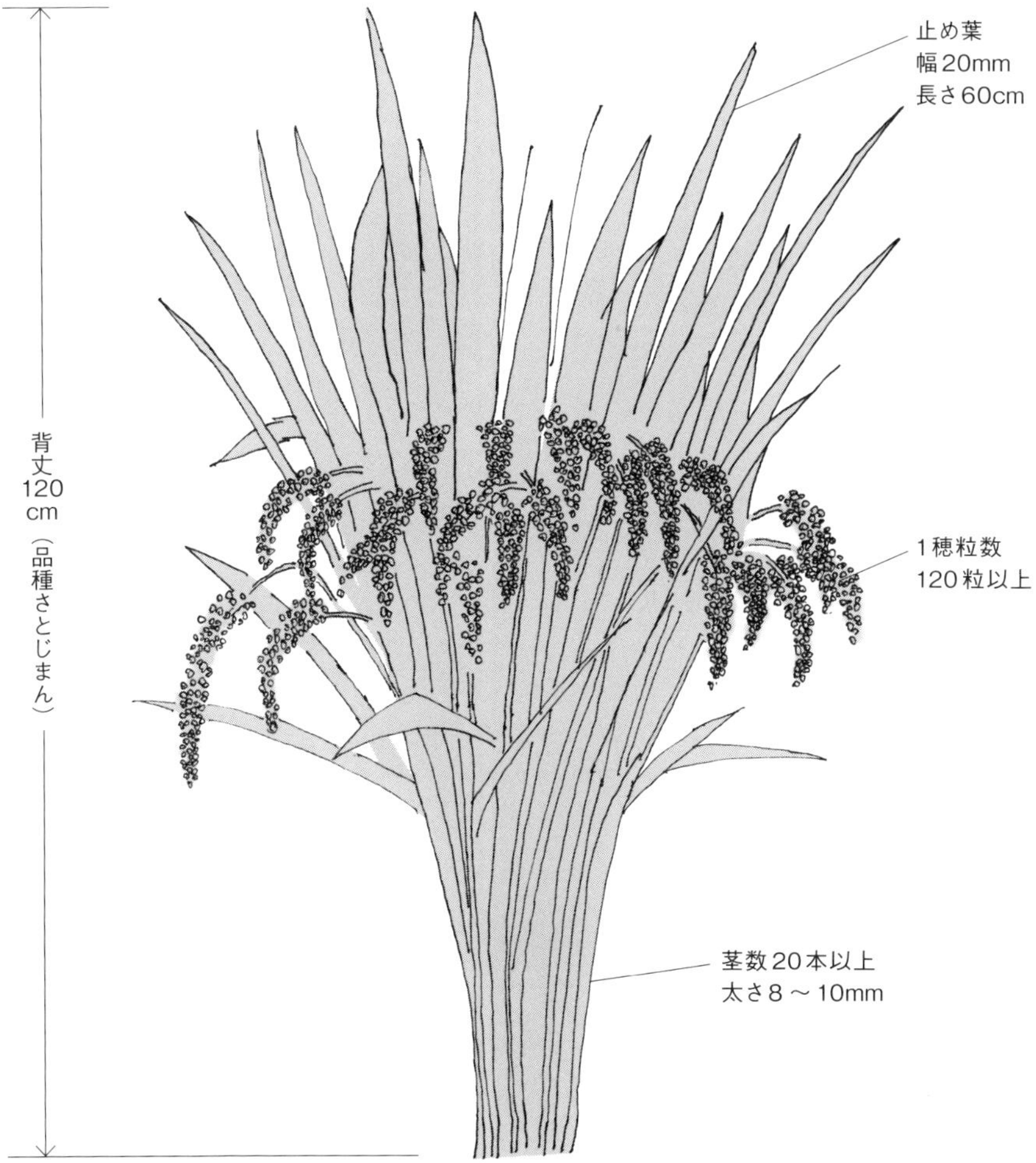

収量は？

10a（1,000m²）の収量＝1穂粒数×1株茎数×（千粒重/1000）×坪（3.3m²）当たり株数×300坪

さとじまんの千粒重＝23g　坪当たり株数＝36株
120粒×20本×（23/1000）×36×300≒596kg　　**100m²の収量およそ60kg**

図3－9　小さい田んぼの収穫直前のイネ姿と収量目標（笹村原図）

ごわごわした感触ほどよい。田んぼを見たら1株を握らせてもらうとよい。その大きさと硬さを体で覚えるとよい。穂は一つの穂に120粒以上のお米が実る。お米の実りはどの粒も丸々とふくらんでいなければならない。

第4章 小さい田んぼのイネつくりの実際

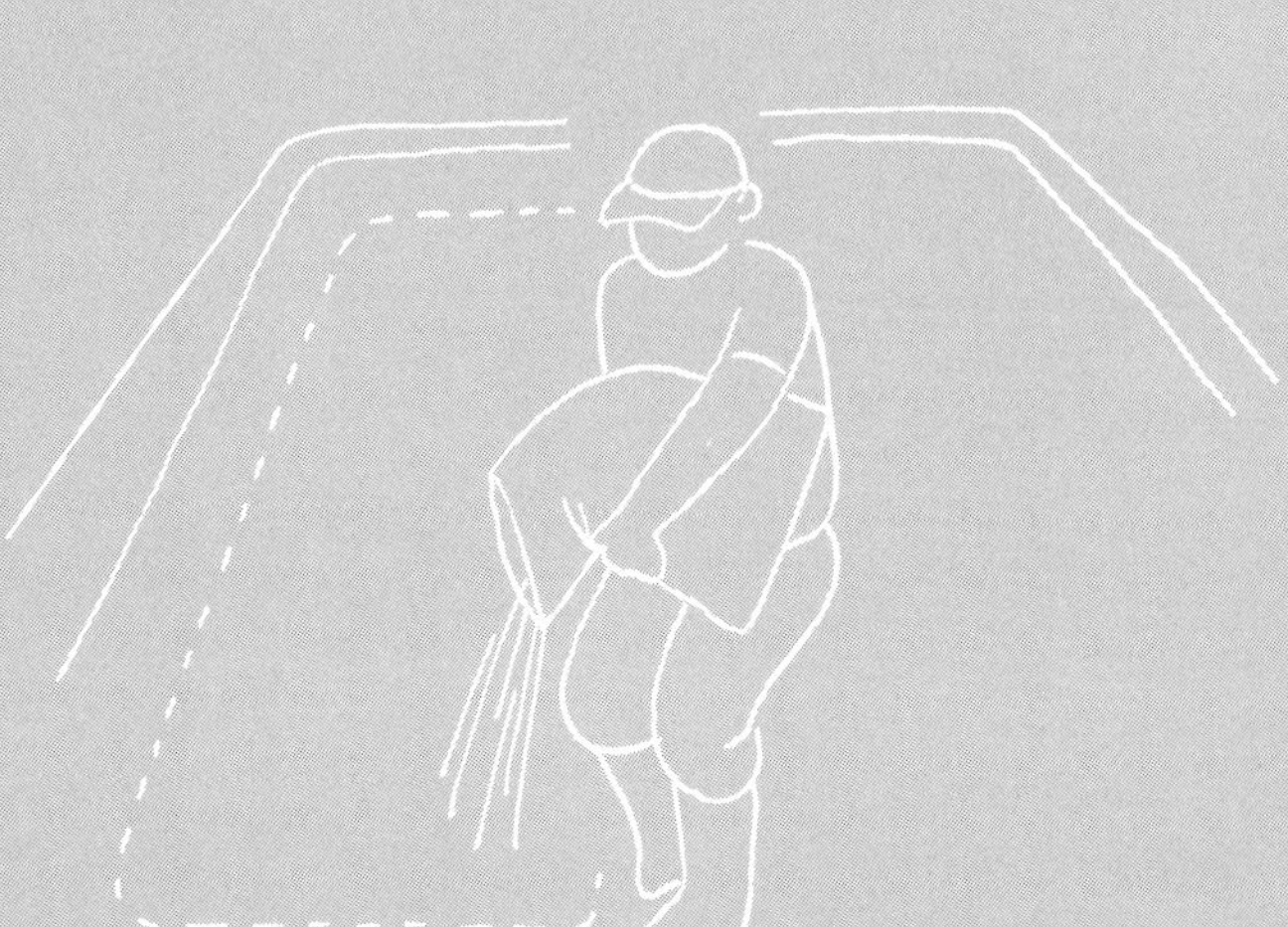

1　田んぼは春分の日に始まる

１年の作業計画を立てる。田んぼの１年は春分の計にあり（巻末ページの年間の作業暦を参照）。

田植えからさかのぼって考える

春分の日、田んぼは始まる。作業計画は田植えからさかのぼって考える。田植えは、遅めの5月末くらいがイネにとってよいと考えている。５・５葉期の苗を植えるので、１週間に１葉出るとすると種まきは5週前の4月下旬となる。種モミの選別・浸種に１カ月かかると考えて、田んぼは春分の日（3月20日頃）に始めている。

人間の体も春を感じて、動き出したくなる季節である。満を持していた種モミも春を感じて待ちかねているはずだ。心静かにイネと呼吸を合わせる気持ちになる。

種モミの入手

種モミは地域の奨励品種の中から晩生の品種を選ぶのが無難である。早生品種はやめたほうがよい。有機栽培には晩生のほうが向いている。栽培期間が長ければ、対応方法が増える。

その地域の奨励品種というものは、県単位で選ばれている。たいていの場合はつくりやすく、その地域の気候に合ったものが選ばれている。農協に行けばだれでも手に入る。地域の奨励品種であれば、苗つくりに失敗しても補充が利く。あとから不足した苗をもらうことも簡単である。

珍しい品種をつくりたいのであれば、ネットを調べればたいていの種モミが少し高いが売られている。

私の場合は、前年収穫したイネから、よいモミを選んで保存してある（写真４－１　自家採種については100ページ参照）。２年目からはぜひ自家採種した種モミを使いたい。

５００m^{2}で５００gの種モミ

およそ30cm×30cmに苗を１本植えるとして、０・09m^{2}に苗が１本必要となるから、５００m^{2}では５５６０本になる。種モミは５００m^{2}で５００g準備する。半分の２５０gは保存しておく。もし2本植えでやるなら、その倍量必要になる。何かの事故に備えて、もう一度まき直せる分を用意しておく。使わなければ、種モミを採種できなかった場合に備えて翌年まで冷蔵庫で保存しておく。250gで1万粒以上ある。モミ洗いや発芽不良で2割減るとしても、よい苗が6000本以上はできるはずである。余分にできた苗は補植用にする。

自家採種した場合は、前年収穫した種モミを、春分の日の1週間前には冷蔵庫から取り出して春の大気に慣らしておく。冬のあいだに種モミに虫は入っていないか。ネズミにやられていないか。保存が万全であったかをワクワクしながら調べる。粒張りなどを改めて確認し、イネつくりの1年に思いを巡らせる。どの作業も、始める前のイメージトレーニングは大切になる。

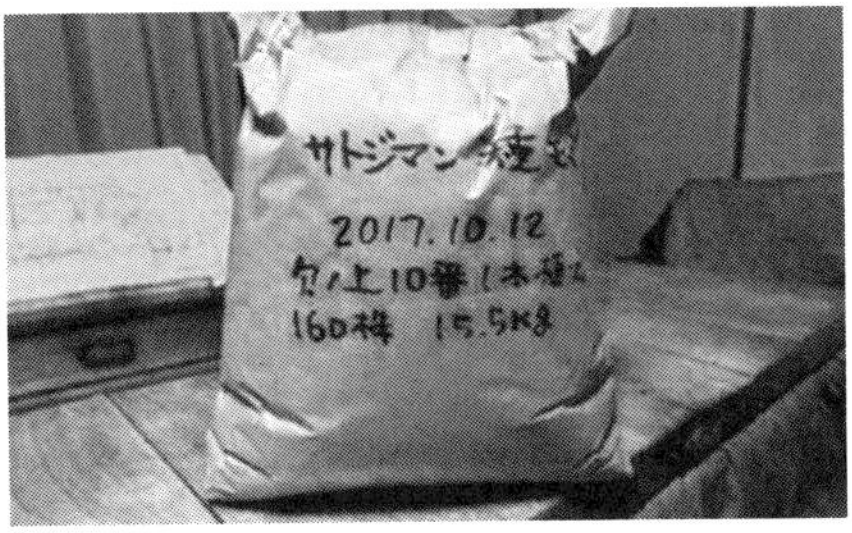

写真4－1　自家採種した種モミの入った袋

モミ洗いで種モミを選別する

春分の日に始まるイネつくりの最初の作業がモミ洗いである（図4－1）。一般には塩水選といわれ、軽い種モミを塩水で除去する作業である。小さい田んぼの大きさを500m²としてこのあと書いていく。4人家族の少し大きめの田んぼを考えている。収量で300kgが目標である。種モミは250g用意する。

モミ洗いでは、海水と田んぼの泥を混ぜた水に種モミを浸ける。この春分の日のモミ洗いを「海水選」と私は呼んでいる。本来比重1・13の塩水（水10ℓに対し、塩2・5kg）に沈めて、軽い種モミを取り除く作業である。軽い種モミを取り除くことは必要ではあるが、比重選別はそれほど厳密でなくても問題は起きない。

卵の浮き方で塩水選をすると書かれた、まことしやかな技術書があるが、元養鶏家としていわせてもらえば、卵の浮き方は卵によってばらばらである。つまり適当な比重選で問題が起きないできたということだ。

大切なことは種モミが海水と田んぼの泥に出会い、春の訪れを感じてもらうことにある。海水は田んぼの水が流れ出て、行き着いた世界。すべてを総合する海という母だ。田んぼの土はイネを育ててくれた土台の父ではなかろうか。「母と父に種モミが出会う」モミ洗いは儀式のようなものである。種モミに願いを込めて、頭を下げる。小さい田んぼは仕事の稲作ではないのだ

1　モミ洗い（海水選）

①50ℓのバケツに海水と田んぼの泥を入れてよく混ぜる

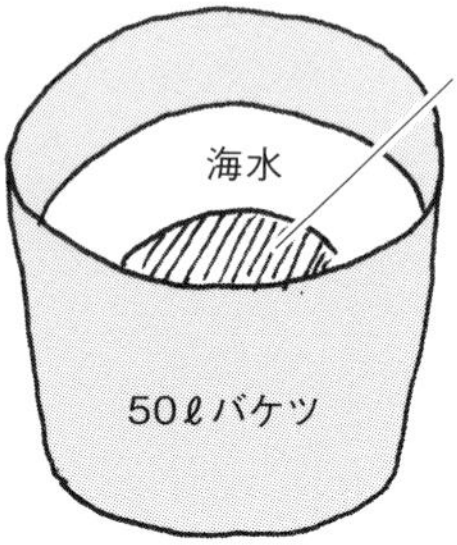
田んぼの泥
シャベル1杯
海水
50ℓバケツ

②種モミを入れてかき混ぜる

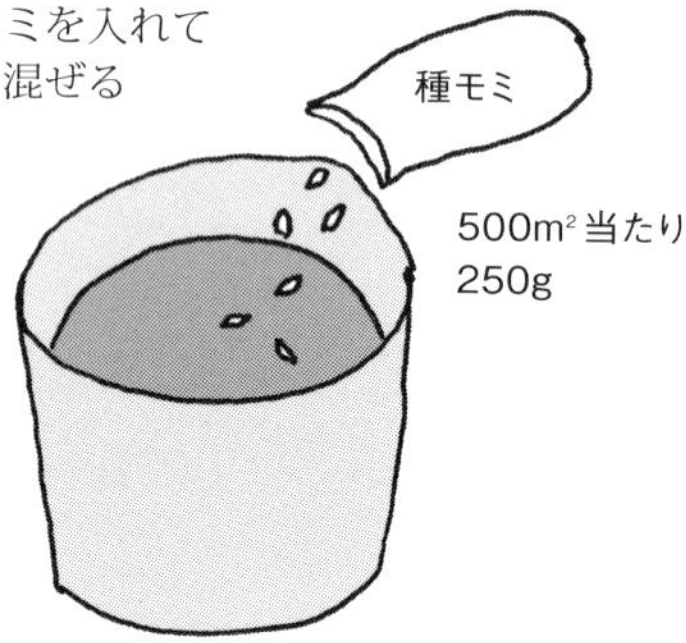
種モミ
500m² 当たり
250g

③浮いた軽い種モミを網杓子で取り除く

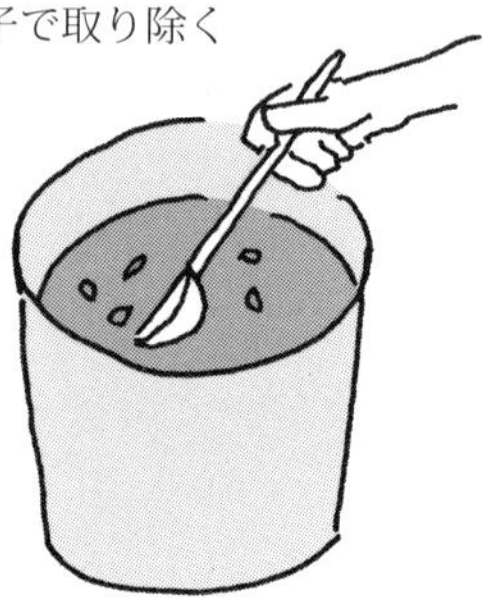

2　浸種

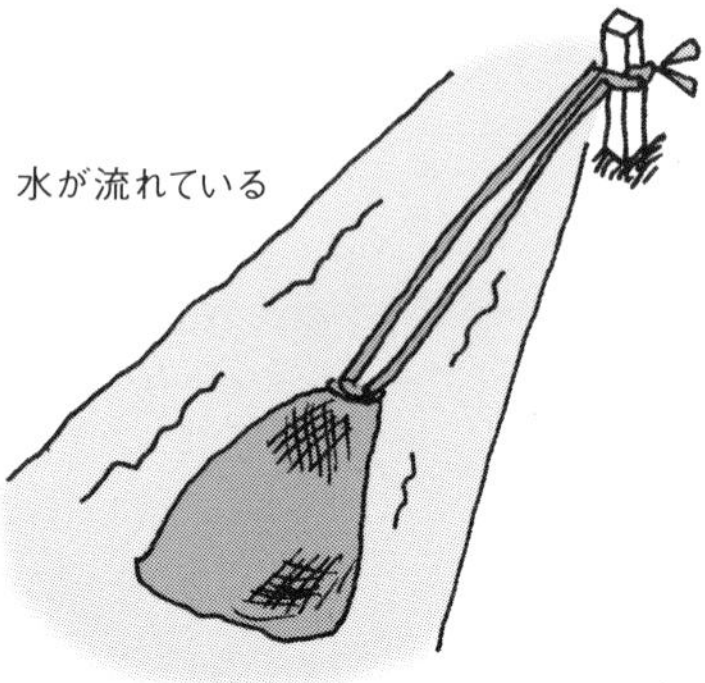
水が流れている

モミ洗いを終えた種モミをネット状の袋に入れて川に浸ける。13℃以下の水でおよそ3～4週間すると芽が出て鳩胸状態になる。川の水温は変化するので注意が必要

3　冷蔵保存

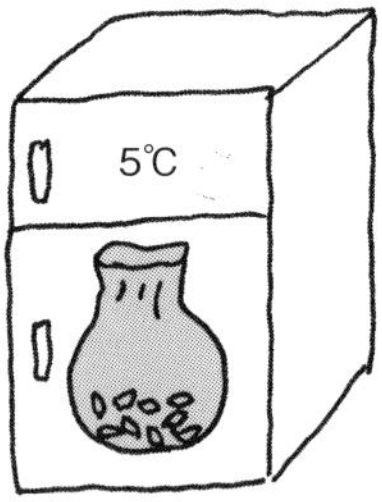
5℃

芽が出たモミを乾かないように布かビニール袋に入れて冷蔵庫で保存する。ときどきかき回す。寒さに当たった種モミは取り出すと一気に発芽する（休眠打破）

図4－1　モミ洗い、浸種、冷蔵保存

から、こうした思いを大切にするほうがおもしろくなる。

浮く種モミが多くてもよい

モミ洗いで浮いてしまうモミが多いとすれば、前年の種モミの充実が足りなかったということになる。小さい田んぼのイネつくりでは浮いてしまう種モミが農家より多い。当然のことで、機械選別している種モミと、すべてを手作業で脱粒した種モミでは違う。自家採種であれば、青米やシイナ（中身のないモミ）も種モミの中に残っている。それでも10％は浮かないだろう。

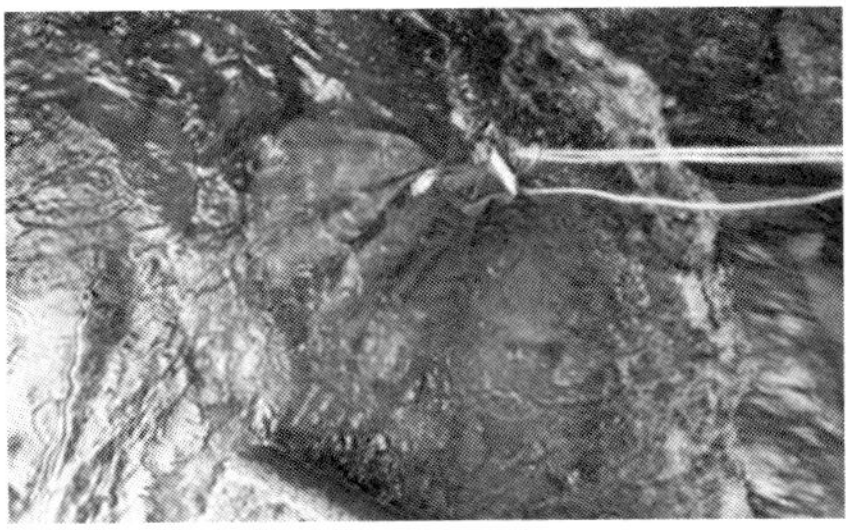
写真４－２　種モミはモミ袋に入れて川に浸す

浸種で芽を出し、冷蔵保存

モミ洗いで桶の底に残った充実した種モミは、メッシュのコンバイン袋（モミ袋）に入れて川に浸ける（写真4－2）。浸種という作業である。

川の水は13℃以下のより冷たい水が望ましい。川の水は停滞している場所ではなく、流れていなければならない。といって大水で流されてしまう場所では困る。モミが十分に水にさらされて、発芽を抑制する物質が洗い流されていることがよい。この作業が、病気が一度も出ない要素になっているかもしれない。

適当な川がない場合は、13℃以下の水に浸けておく。日陰に置いておき、水温が上がらないように気をつける。毎日水は換える。井戸水は水温が高いので使えない。

モミは鳩胸状態になるまで川の流れに浸けておく。川の水温がつねに13℃以下であれば鳩胸状態になるには1カ月かかる。毎日見に行き、水温を測る。水温を測ることで、その年の天候の傾向がわかる。鳩胸状態になったところで取り出してよく泥を洗う。洗ったモミを乾かないように布かビニール袋でくるんで冷蔵庫で5℃で保存する。もし種まきの日が近づいても川の中で鳩胸状態になっていないとしても、取り出してそのまま播種して問題はない。その場合でも一晩だけでも冷蔵庫に入れたほうがよい。

冷蔵庫に入れることは、時間調整でもあるが、種モミには悪いことではない。休眠打破という現象である。冬のあいだ室温で保存されていた場合、モ

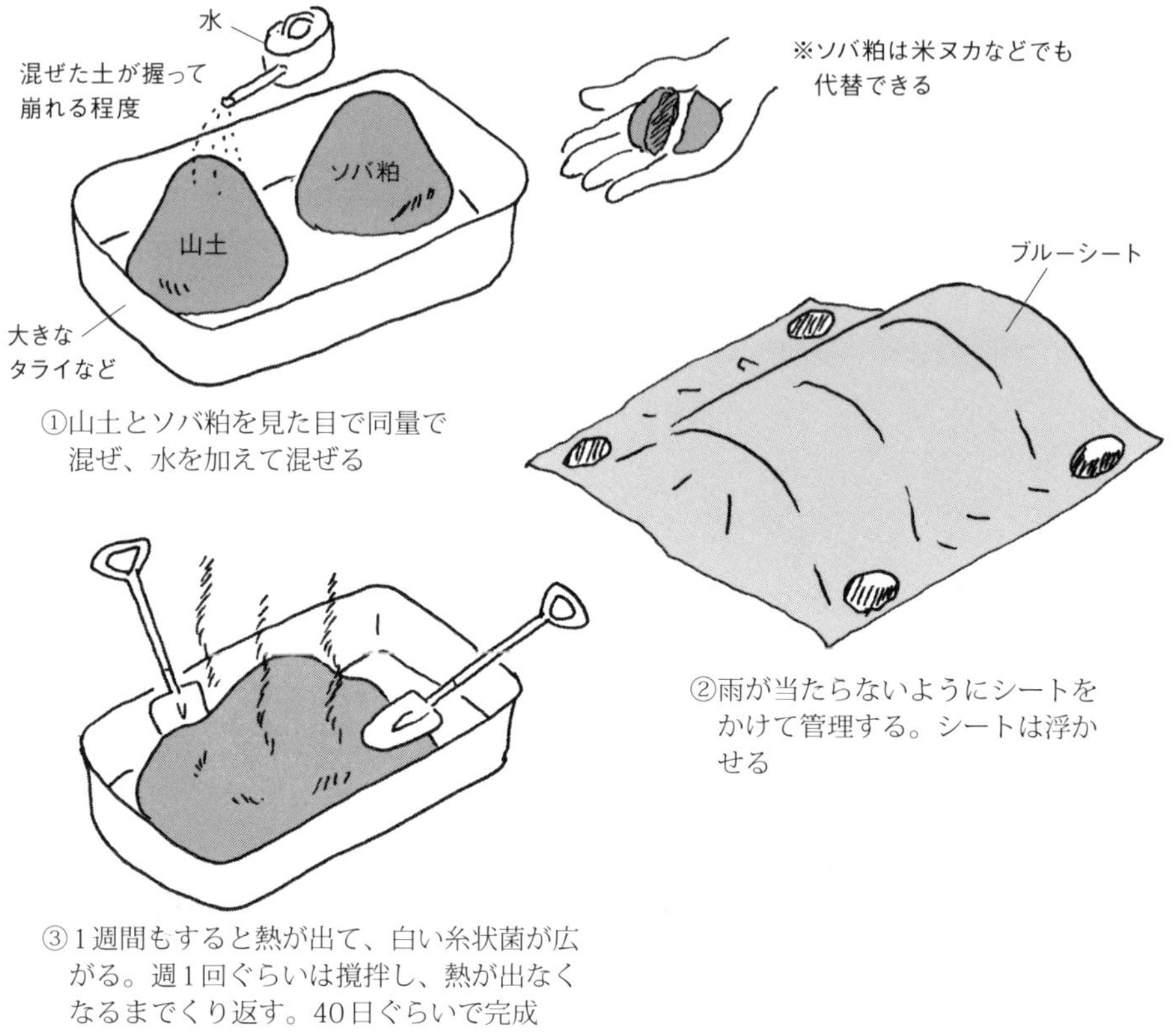

図４－２　土ボカシの仕込み

写真４－３　できあがった土ボカシの袋詰め作業

ミは寒さを体験していないことになる。寒さに当たることで、種モミは発芽を一気に揃える。

土ボカシを仕込む

春分の日には土ボカシも仕込む（図4－2、写真4－3）。土ボカシとはソバ粕と山土を発酵させた肥料で、苗つくりのときの肥料として必要になる。

山土にソバ粕を見た目で同量と、水を混ぜて混合する。水の量は混合した土が握って崩れる程度。雨に当たらないようにシートをかけて管理する。1週間もすると熱が出て、白い糸状菌が広がる。週1回ぐらいは撹拌をする。熱が出なくなるまで土の撹拌をくり返す。春分の日につくり、種まきの日まで40日ぐらいあれば大丈夫だ。土ボカシは種まきのときに覆土として使う。

苗代予定地2m²には冬のあいだにも、ソバ粕を1kgずつ2～3回まいておく。最後に春分の日にもまいておく。

2　苗代つくり

日当たりよく、水がつねに来る田んぼで

苗代をつくる田んぼの条件は、日当たりがよい場所で、水が自由になること。土壌は特別に肥沃にした場所。アゼから近い、作業のしやすい場所がよい。

よい苗がつくれることが小さい田んぼのイネつくりの第一条件になる。農協で売られている苗は、機械植え用の3葉期の稚苗で、小さい田んぼ向きではない。小さい田んぼ向きの5・5葉期の苗つくりは、どの段階でも滞りなく生長させることが大切になる。苗代は保温折衷苗代と呼ばれる形の変化したものが、小さい田んぼ向きである。

種まきをする日の2週間前に苗代になる部分だけ荒起こしをする（図4－3）。鍬を使って手作業で行なうのはかなり大変なはずだ。1m幅で長さは2mでよい。できるだけ深く耕したい。深さ15cmはほしい。ていねいに細かく土を砕いておく。草が多すぎるようなら、苗代の両側の通路部分に上げておく。通路は耕さず、歩きやすいように残しておく。

ヒエが生えない田んぼがよい

苗床はヒエが生えない田んぼにつくりたい。ヒエが出るような田んぼであれば、苗との判別が難しくなり、苗取りで苦労する。初めて田んぼにする場所であれば、ヒエは出ない。ヒエが生えなければ、種モミはバラまきでもよいが、ヒエの多い田んぼの場合は、すじまきにしてヒエ取りがわかりやすく

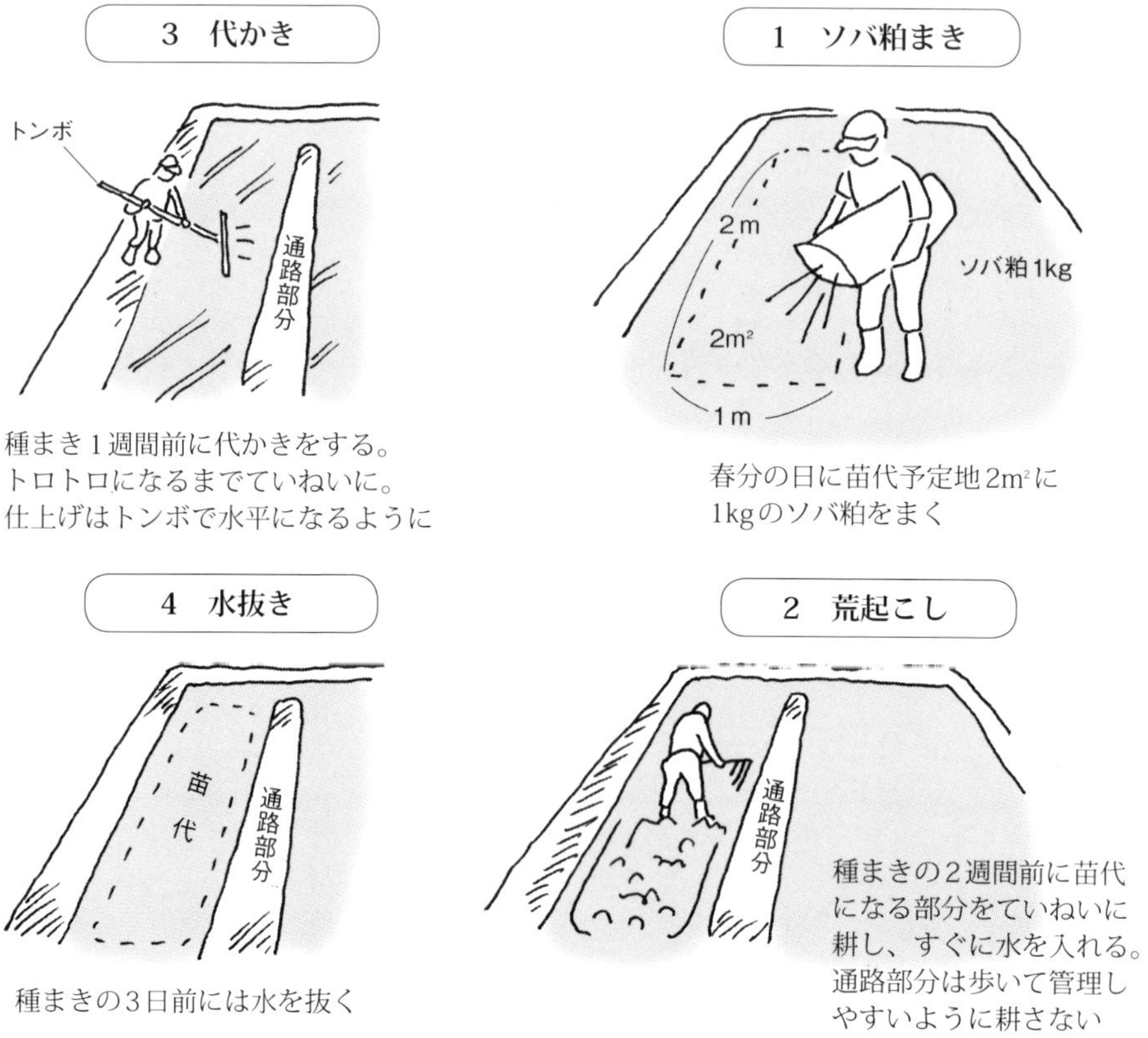
1　ソバ粕まき
2m
2m²
1m
ソバ粕1kg
春分の日に苗代予定地2m²に
1kgのソバ粕をまく
2　荒起こし
通路部分
種まきの2週間前に苗代
になる部分をていねいに
耕し、すぐに水を入れる。
通路部分は歩いて管理し
やすいように耕さない
3　代かき
トンボ
通路部分
種まき1週間前に代かきをする。
トロトロになるまでていねいに。
仕上げはトンボで水平になるように
4　水抜き
苗代
通路部分
種まきの3日前には水を抜く

図４－３　苗代つくり

できるようにする。５cmごとに線を引いて、それに添って２cmおきに種モミをまいていくと、ヒエがわかりやすく取りやすい。苗床は少し広くいるだろう。そうしておけばあとでヒエを抜きやすい。苗取りもラクになる。

苗代の代かきは十分に

苗代の荒起こしが終われば、すぐ水を入れて１週間程度待つ。水がたまるようになったところで、種まき１週間前に代かきを行なう（写真４－４）。

苗代の深い代かきは苗取りをしやすくするためである。トロトロになるまで十分に行なう。苗床では代かきのやりすぎということはない。仕上げはトンボを使い、田面が水平になるように、ていねいに平らにしておく（写真４－５）。ここでの５mmの高さの差が、あとで大きな問題になる。苗床では１mm単位の水調整を必要とする。水を浅く張れば高低差は確認できる。そして静かに種まきまで水を張っておく。

水が冷たい田んぼであれば、苗代まで行く水路が田んぼの中を遠回りに回って温まった水が苗代に入るようにしておく。苗代の周辺には溝を掘り、水がたまっているようにしておくと種まきをする苗床の水が安定する。また水路の水が冷たさ、温かさをも緩和してくれる。

写真4－4　通路を残して代かきをした苗床

写真4－5　苗代の表面を平らにならす

田んぼ全体に苗肥をまいておく

種まきの3日前には水を抜く。種モミは水没すると酸素不足で枯れてしまう。

4月の下旬までのあいだには、田んぼ全体にソバ粕をまく。目安として田植え1カ月前がよい。まえにも述べたように、ソバ粕はソバ殻とソバヌカとソバの実の毛などである。地元で入手できるので長年使ってきた。一般には手に入りにくいので、オカラなど地域にあるもので代用する。米ヌカでもよい。500$m^2$50kgぐらいまく。肥料不足を感じたなら、100kgまいてもよい。この時期までであれば、多すぎて問題を起こすことはない。まいたソバ粕は春先だと1カ月たって効果を上げ始める。苗の順調な活着、初期生育から分けつを増やすのに効く。有機の肥料は遅効きだから、うまく苗の生育期に効くように、田植え1カ月前にまくのだ。

冬のあいだ田んぼは緑肥で覆われている。緑肥をまかない場合でも草でも生えていたほうがよい。4月中旬の草の様子で田んぼの土壌の状態を判断する。もしマメ科のレンゲやクローバが繁茂していれば土は肥えているので、ここではそれほどの量のソバ粕はまかない。もし、草の色も薄く量も寂しい状態であれば、まく量を増やす。50 0m²で10袋（200kg）が上限である。

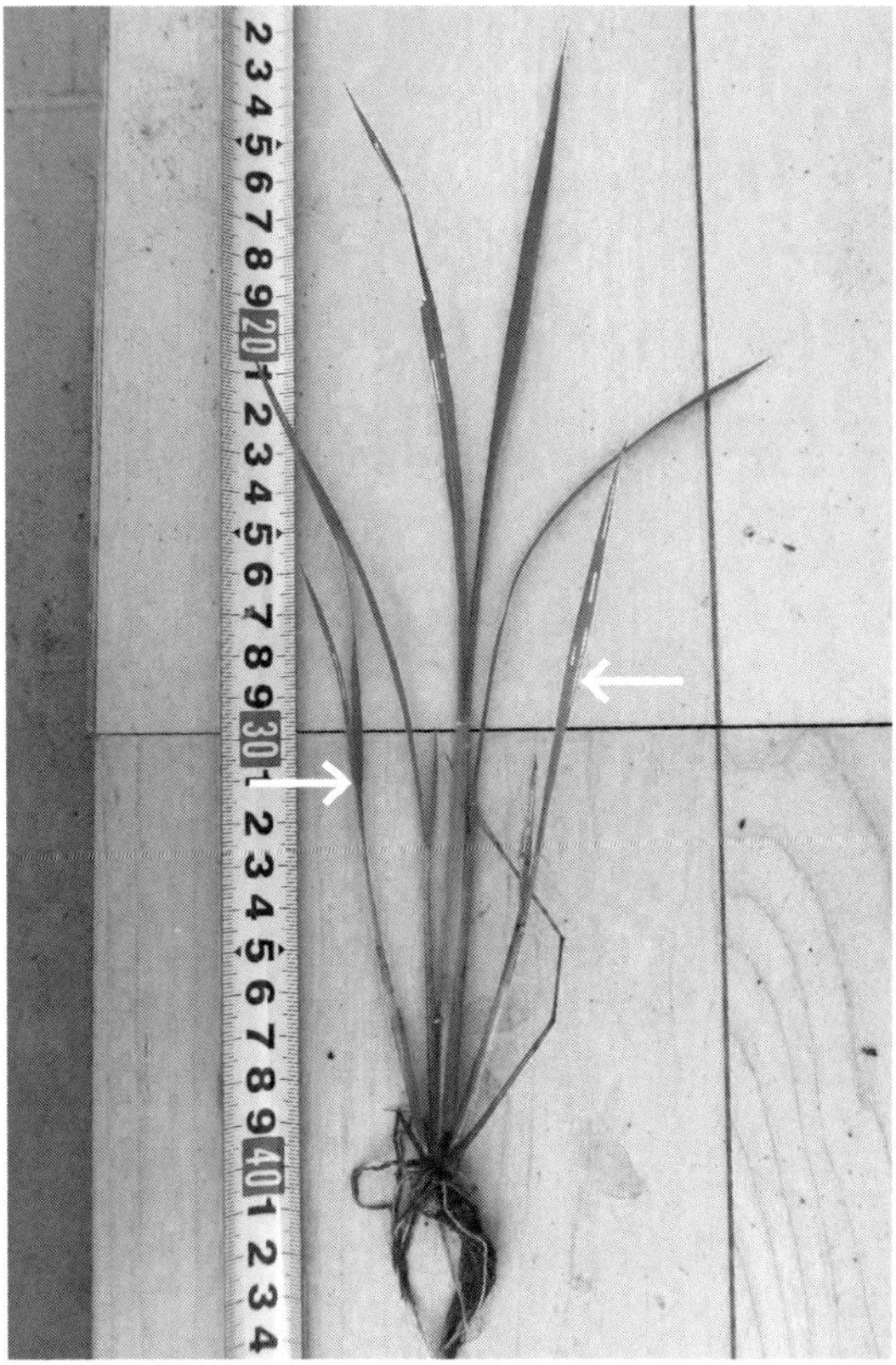
写真4－6　田植え時に5.5葉期で分けつ（矢印）が2本出ている苗

3　苗つくり

目標は5週間で5・5葉分けつ2本

種まきは4月下旬になる。種まきの日にちは田植えの5週間前となる（図4－4）。

苗は田植えのときに5・5葉期分けつ2本の苗が最も優れている（写真4－6）。1週間ごとに1枚葉が伸びるとして、5週間の育苗である。この速い生長は、苗床以外では不可能である。この滞りのない生長こそ、多収イネつくりの重要な要素になる。

ただし、種モミの充実度、水温、日照、土壌の豊かさなどで、生育が1週間は遅れる可能性がある。初めのうちは6週間の育苗と考えたほうがよいかもしれない。よい苗ほど速い生長をしてできあがると考えてよい。5週間で5・5葉期まで育つのが目標である。流れるような滞りのない育苗こそよい

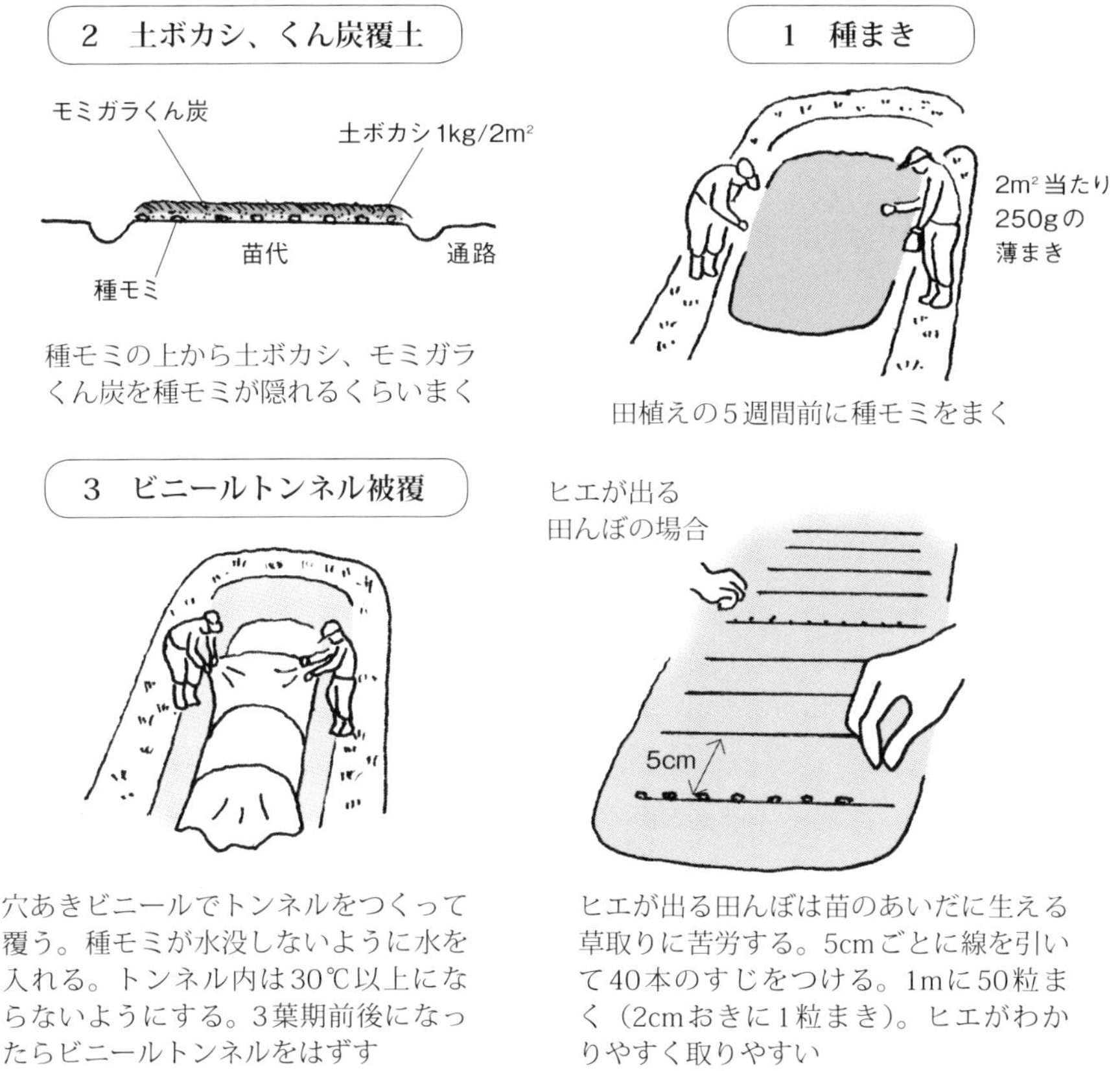

図4－4 種まき

苗の条件である。

育苗は赤ちゃんの育て方と同じである。ていねいにあらゆることに目配りをして、心をこめて行なう。どちらかといえば過保護といえるほど、すんなりぬくぬくと育てたい。滞りが起こると収穫にまで悪い影響を残す。

種まき後、土ボカシとくん炭で覆土

鳩胸になって冷蔵庫に入れた種モミは前日に取り出して、新聞紙に広げて少し乾かしておく。苗代に2m^2当たり250gをできる限り薄めにまく。予定面積に均等になるように種モミをまく。まき終わったならば、十分に発酵を終えた土ボカシを、2m^2に1kgまく。その上からくん炭をまく（写真4－7）。くん炭で種モミが隠れるぐらいに覆う（写真4－8）。

写真４－８　種モミが隠れる程度にくん炭をまく

写真４－７　モミガラくん炭。つくり方は 96 ページ

写真４－９　ビニールで覆って保温する

穴あきビニールで保温

種モミの播種が終わったならば、透明な穴あきビニールでトンネルをつくって覆う（写真４－９）。

さまざまな保温方式があるが、小田原の気候では保温しつつ高温になりすぎないようにするには2列か3列の穴あきビニールトンネルが簡単で、よい苗になる。私の子どもの頃の山梨県では、油紙と障子で保温をしていた。トンネルはしっかり周囲の土で埋めること。春先は強い風があるので、飛ばされてしまうことがある。

発芽までの管理は水やり程度である。朝、水が全体に回るように入れて、すぐ止めてしまう。天候にもよるが乾いたら水をやるという感覚だ。乾くことのほうが、水没していることより種モミには好ましい。毎日水を入れ替えてやることが必要だ。播種から5日ほどで発芽は揃う（写真4－10）。発芽したならば、水没しないように徐々に水を与える量を増やしていく。

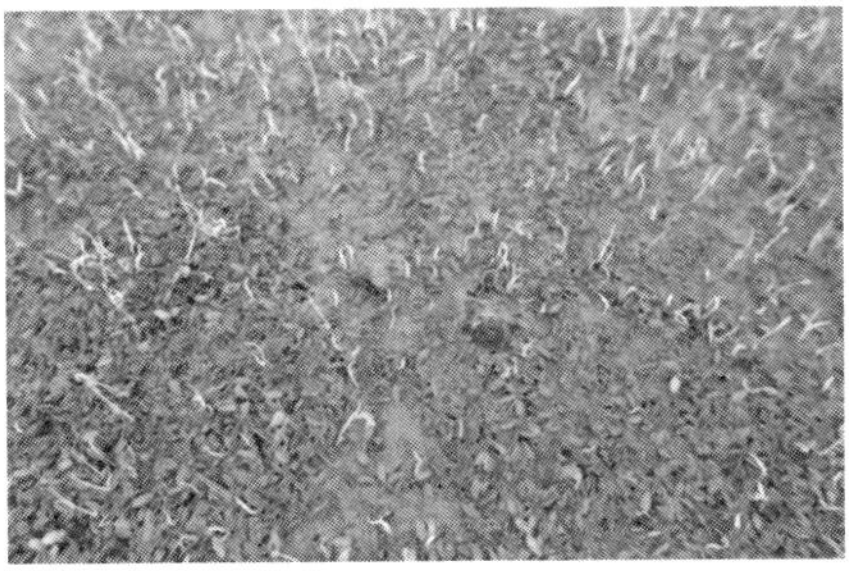
写真４－10　種モミの発芽。播種後５日ほどで揃う

この時期、霜がまだあり、寒さに凍えるようなこともあるが、水の回し方、ため方を工夫して、水の温かさで夜温の冷えをできるだけ防ぐ（37ページ参照）。

昼間は陽が当たり、トンネル内は高温になる。イネの高さの地面すれすれの気温を測定して、30℃以上にならないように管理していく。もし上がるようであれば、ビニールトンネルの裾をまくり、風を通す。

写真４－11　３葉期前後にビニールトンネルをはずす

3葉期前後でビニールをはずす

苗の生育に合わせて水位を高くしていく。浅めの流し水でよいが、ときには排水をして、また満杯になるように水を入れ替える。水没さえしなければ、イネが枯れることはない。3葉期までくると、イネは自根で栄養を吸収して生育を始める。3葉期までは種モミの持っている力で生育をする。4葉期からはどの程度根が出ているのか、葉がどの程度光合成をしているのかが重要になる。

苗代の土がよい状態であれば、3葉期でイネは緑の濃さを増し、大きな幅広の葉を展開する。緑の薄い黄色いような苗では問題がある。この場合は水を一度落として、土ボカシを軽くまいてやる。多収のイネはこの時期の力強さで決まると考えてよい。

3葉期前後にビニールトンネルは取りはずす（写真4－11）。そして、この時期から苗代は水を張り続ける。トンネルをはずす時期は、天気次第であるが、もう遅霜がないと判断したら、2葉期でもできるだけ早めにはずす。苗床周辺に温まった水が十分にたまっていれば、少々の寒さでも負けることはない。

薄まきの苗つくりは根がからまず、苗取りもラクにできる。苗取りで苗を傷めるとあとの生育にかなりの影響が出るものだ。種モミが多くあると、ついつい全部まいてしまう。その結果苗が多くできれば、あるだけ植えてしまう。イネつくりというものは先の見えない不安があるから、30年やってきてもついつい用心をしてしまうものだ。多収するためにはぐっとそこをこらえなければならない。

多収できるよい苗とは、5・5葉期の苗である。すでに根元には両側に向かって分けつを始めている。根元が8㎜の幅広で、がっしりしている。背丈が30㎝、根が20㎝。根はイネには不要という人もいるが、とんでもないことで、根は田植え後の滞りない活着に大切なものである。

4　田植えの準備

田植え1週間前に緑肥を生のまますき込む

5月は田植えの準備である（図4－5）。小田原では5月末くらいの田植えがイネによいようだ。よその田んぼより早く実ると、スズメが集まるということも起こる。苗が5葉期を過ぎたところが田植えの目安である。人間の都合ではなく、苗の生育に合わせたほうがよい。

5月初旬から田植えの準備に入る。まず緑肥をどう考えるかである。緑肥を早めに刈り倒して、乾かしてからすき込むという考え方が普通だ。私は緑肥は生のままできる限り田植えに近づけてすき込みたいと考えている。雑草の抑制には、そのほうが効果が高いからである。緑肥の状態にもよるが、刈り払い機でまず緑肥を刈り倒す。この

1　ソバ粕まき

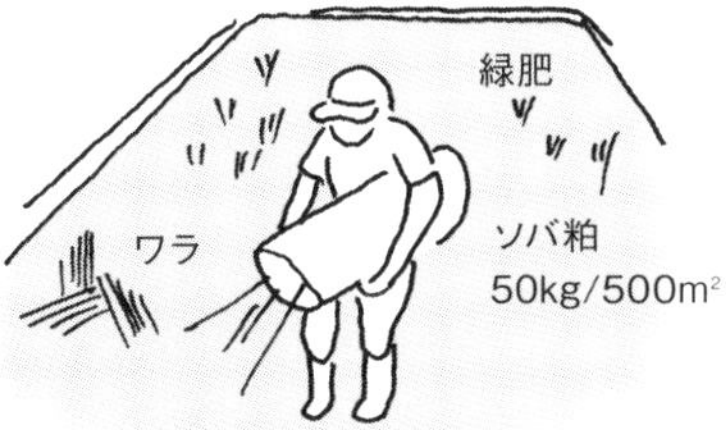

田植え１カ月前にソバ粕を500m² 50kgまく。肥料が足りないと感じる田んぼは100kgでもよい

2　緑肥すき込み（荒起こし）

①田植え１週間前に緑肥を刈り払い機で刈り倒す

②すぐに土を耕して（荒起こし）、緑肥を生のまま土にすき込む。緑肥がすき込めないくらい多いときは荒起こしを２回やる。土はできるだけ細かくする

3　代かき

荒起こしが終わったらすぐに水をため、代かきをする。前年の雑草がひどかったときは代かきを田植え２週間以上前と田植え直前の２回やる

4　水抜き

代かき終了後すぐに水を抜く。田植え用の線を引くために１日から１日半は見て、抜く

5　線引き

田植え当日、線引きの道具を使って田んぼに30cm角になるように格子状に線を引く

図４－５　田植えの準備

ときナイロンひもの刈り払い機のほうが草は細かく砕ける。そしてすぐに土を耕して、緑肥を土にすき込む。

緑肥が多いときは荒起こしを2回に

田植え1週間前に、土の中にすき込めないほど緑肥が多いこともある。そうしたときには荒起こしを2回行なう。荒起こし段階であとの代かきをしやすいように田んぼの土壌は水を入れる前に調整するほうが正確にできる。

荒起こしは、田んぼの耕す深さを一定にすることが大切である。代かきでは田んぼの表面は平らにできるが、田んぼの土の深さは直すことができない。荒起こしで土はできるだけ細かくしてしまう。細かいけれども、浅い耕うん状態にする。

荒起こしは5㎝くらいの同じ深さで、できるだけていねいに行なう。田植えが上手にでき、水持ちのよい田んぼであれば、代かきをせず荒起こしに水を入れて、田植えをしてもよいぐらいだ。

2回代かきでも草の発生を抑えられる

荒起こしが終われば、すぐ水をためておく。どこかに穴があり、水がたまらない場合がある。こうしたときは穴を探して埋める。

水がたまったまま2～3日したら、代かきを行なう。代かきは荒起こしよりもさらに浅くやらなくてはいけない。できるだけ簡単にすませるほうがよい。水がたまらない田んぼであれば、アゼ際だけをていねいに2回代かきを行なう。全体は土を練らないようにさらっと仕上げるようにする。

田植えのための線が引けないと困るのでその程度に代かきをする。ひもを目印にする田植えで、線を引かないで田植えをするなら、かなり粗目の代かきでかまわない。そのためにも荒起こしはていねいにしておかなければならない。荒い代かきのため田植え段階では水持ちが少々悪くてもかまわない。

簡単な代かきの反対の2回代かきをやることもある。2回代かきのほうが初期の草の発生が抑えられるからだ。前年度の雑草の状態があまりにひどいときには、2回代かきのほうがよい。1回目の代かきを田植え2週間から1カ月以上前に行ない、草を発芽させ、出てきた草を田植え直前の2回目の代かきで浮かせる。もしくは埋め込む。さらに3回目の代かきを行なえば、もっと草は抑えられる。苗代に使う田んぼは毎年2回代かきになるわけだが、確かに草は少なくなる。

ただし、2回代かきは棚田ではかなり大変なことになる。よほど草がひどいときの対策と考える。代かきが終われば、水を張って田植えを待つ。

アゼ塗りと田んぼの均平はていねいに

アゼは代かきの終わった泥で側面を壁のように塗る。アゼ塗りを5cm以上厚くていねいに塗れば、水漏れを防ぐことができる。

まずアゼの側面を傾斜をつけて削っていく。きれいに整えたアゼ斜面に田んぼの泥をアゼ上部に山にして押し付ける。2～3m押し付けているあいだに泥の水が切れるので、戻って壁塗りのようにつるつるに仕上げる。一度で5cm厚さにできなければ、乾いてからくり返す。慣れれば鍬でできるが、最初はシャベルのほうがやりやすいかもしれない。

アゼ際から泥をすくいとれば、アゼ際は深くなる。田んぼ全体が水平になるようにトンボでていねいにならしていく。水平といっても水口から水尻に向かって5mmほどの高低差をつける。水口の水を止めれば、すべての水が抜けてしまうようにしなければならない。均平がうまくできていれば、水口からソバ粕をまくと、水はきれいに均等に田んぼ全体に広がっていく。水を十分に入れておけば、土をトンボで動かすことは難しくない。

5 田植え

田んぼに線を引くために水を抜く

田植え直前に代かきを行なった田んぼは、代かき終了後すぐに水を抜いておく（写真4－12）。代かきから丸1日たたなければ水は抜けない。水が抜ける時間は土壌によって違うが、田んぼに線を引くために1日から1日半は見て水を抜いておく。雨が降ると状況が変わるので、天気予報も注意深く見る。

田んぼには30cm角の線を引く（写真4－13）。土の完成度に不安があれば分けつがとれないので、収量を上げるために密植気味に25cm角にする。土の状態がよくなるにしたがって、より疎植が可能になる。

田んぼに線を引く自作の道具がある（写真4－14）。田んぼにはきれいな正方形の線を引くことができる。その線の交点に田植えをしていく。田植え直

写真４－12　田植えを待つ田んぼ

前に水をわずか入れる。入水口からの水に向かうように植えると、水がにごらず田植えがしやすい。線はよく見える状態で田植えをする。これならば、初めて田植えをする人でもかなりの速度で田植えができる。手植えの田植えは私の速度で、１日３００m²である。

写真４－13　田植えのために格子状に線を引く

苗取りは株元を傷めない

田植えの前日に苗取りを行なう（写真４－15）。田植え当日の朝にできればさらによい。

苗取りは、１本ずつ根を傷めないようにていねいに行なう。上に引き抜く

写真４－14　格子の溝をつける道具。テントを留めるときのペグを利用して自作

のではなく、できるだけ根を切らないように、指を土中深くに入れて、ゆっくり横に引くのがいい。よく代かきができていないと、抜きにくいために、苗も指も痛める。苗は株元が一番大事な部分である。ここを傷めると分けつがとれなくなる。根も付け根が大切

で、先のひげ根は切れてもかまわない。

土は神経質に洗い落とさない。とった苗は運びやすいように苗箱やコンテナに入れる。田植えの準備で苗代が邪魔になる場合は、苗が乾かないようにひたひた水の場所に仮植えのように置いておく。3～4日ならば問題はない。苗は田植え当日も、うっかり乾かしてしまうことにならないように、田植えをする田んぼの各所の乾かない場所に配置して並べておく（写真4－16）。

写真４－15　総出で苗取り作業

写真４－16　余り苗は、水温の温かい水尻付近の水路などに浸けておく

1本あるいは2本で浅植え

苗は1本植えとする（図4－6）。1本植えでも2本植えでも収量は変わらない。不安があれば、2本植えでもかまわないが、苗を倍用意しなければならない（写真4－17）。

苗は浅くしっかりと植えたい。土に苗を挿し込んでから、土を摘まむようにして苗を押さえ込む。よい土であれば、押さえなくても指を引き抜くときに土が苗に寄ってくる。コツをつかむことができれば、浮き苗がかなり減る。慣れない人がいた場合は、浮き苗はかなり出るのは覚悟のうえで浅植え

1　田植え

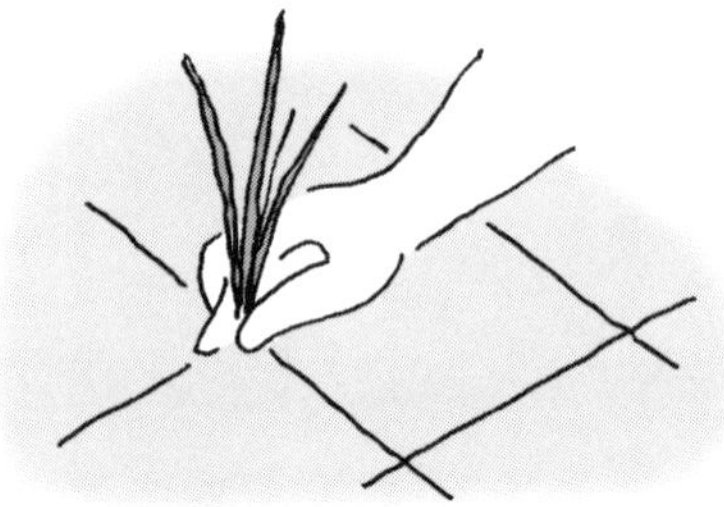

①30cm角に引かれた交点に植えていく。苗は浅植え。株元を傷めないように植える

②田植え直前に水をわずかに入れ、入水口からの水に向かうように植えると水がにごらず田植えしやすい

2　入水

田植えが終わったらすぐに水を入れ、8cm以上の深さを保つ

3　ソバ粕まき

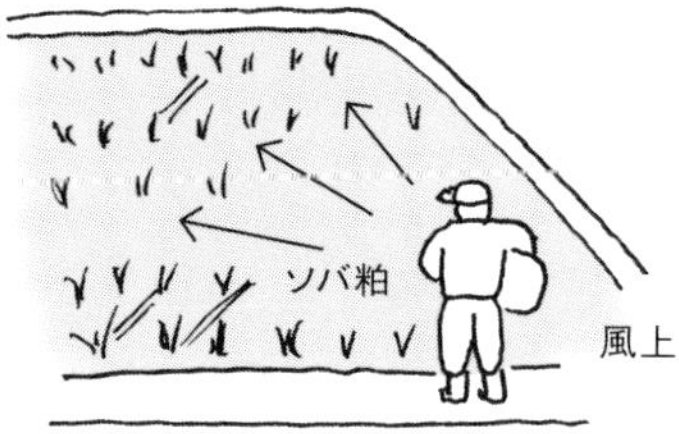

水が行き渡ったらソバ粕を500m²に15kgまく。風上から入れると自然に広がる。1週間後に7.5kg、2週間後にも7.5kgまく

図４－６　田植え

写真４－17　交点に２本植え

にする。経験の浅い人ほど、深植えになりがちである。深植えは初期の分けつを抑えてしまう。

すぐに８cmの深めに水を張る

田植えが終わったらすぐに水を張る。水は流し水管理である。水尻でわずかに水が漏れる程度を保つ。水尻に

水位調整板を置いて、水位を8cm以上に保つ（写真4−18）。8cmあれば、ヒエが出ることはない。

ソバ粕をまいて抑草、分けつ確保

水が全体に行き渡ったら、ソバ粕を500m²に15kgまく。

写真4−18　水尻の水位調整板。これを置けば水位が保てる

このソバ粕は雑草抑制でもあるが、ミジンコやイトミミズのエサとして与える。田んぼ全体に行き渡るようにまく。風上から田んぼに入れれば、自然と全体に広がる。このソバ粕が微生物のエサになり、ミジンコが水をにごらすほど増える。増えたミジンコをエサとする水生昆虫が増え、水生昆虫をエサとするオタマジャクシが爆発的に増える。こうした生きものの循環によってトロトロ層が形成され、雑草の抑制になる。ソバ粕がよいのは、田んぼの水面に浮遊して、田面への光を遮り、雑草の発芽を抑制することだ。

この先1カ月、抑草のためにソバ粕をまく。抑草のためでもあり、田んぼの微生物のエサを与えることにもなる。少しずつ長く与えることが大切になる。田植え後に投入するソバ粕は分けつ肥にもなる。ただしあまり多すぎると草丈が伸びすぎて、倒伏の原因になる。田植え直後、500m²に15kgまいたなら、1週間後に半分。2週間後もその半分。そして3週目は草の様子や、生育次第でやらない場合もある。

6　田んぼの日常管理

1日も早くコロガシで草抑え

田植えが終わると、5・5葉期のよい苗は翌朝には活着している。葉先に露がたまっていることで、苗が根付いたことを確認できる。早く活着させて、田植え後は1日も早くコロガシである（図4−7）。

コロガシは草を抑えるために行なう。小さな草ほどコロガシで浮き上がらせることができる。草が大きくなってしまうと、コロガシで処理できなくなってしまう。そのために、田植え後、苗が根付いたと見たらすぐにコロガシを始める。よい状態であれば田植え3日目でコロガシが可能になる。

８cm以上の深水の中、水をにごらせながら、タテヨコ2回はコロガシを行なう。つまり4回は田んぼの土壌を撹拌する。水が深いまま行なう。発芽した雑草が浮き上がり、田んぼの水尻にたまるので、集めて外に出す。

田植え後３〜７日たって苗が活着したら、
田車を苗のあいだに入れてコロガシを行なう。
最低でもタテヨコ2回の合計4回入れる

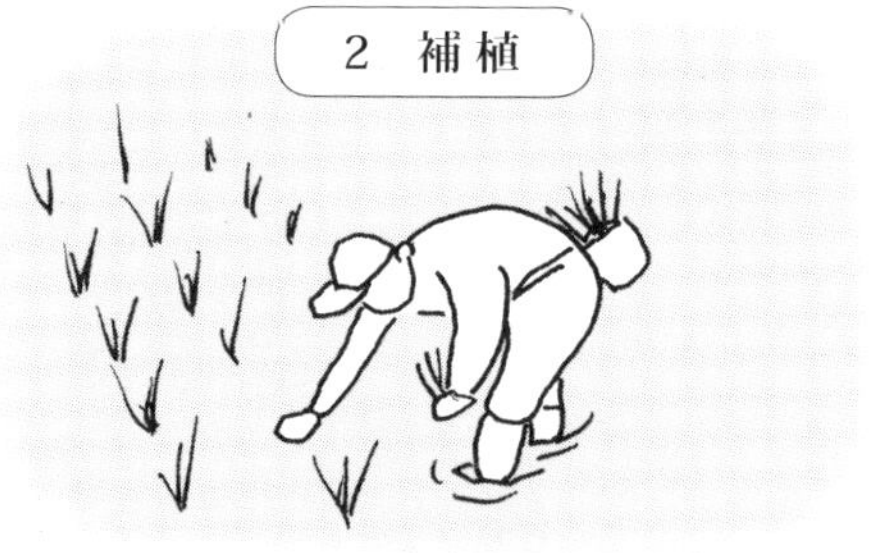

苗が浮いたりしてなくなってしまったところを
ていねいに田植えしていく

図４−７　コロガシと補植

注意しなければならないことは、浮かび上がったコナギのタネが先に沈み、上からトロトロ層の軽い土壌がかぶさっていくようにすることである。そうしないとコナギの発芽を促進することになる。にごった水を水尻から出さないようにして転がす。

コロガシで土に酸素を

コロガシは直接的には草を抑えるために行なうのだが、それと同時に撹拌して土の活性化を図ることでもある。田んぼの土壌は水が入ることで、よい発酵に行くか、イネにとって害となる腐敗方向に行くかの瀬戸際にある。コロガシによって土を深く撹拌させることで、土壌に酸素が入り、よい発酵に進めることができる。

ドブ臭のところにはくん炭

土壌ができていない田んぼでは、水

を入れ、気温が上がると腐敗方向に行きやすい。土壌に突然水が混ざり、停滞すれば、酸素不足になり腐敗が起きる。まして、生の草をすき込んでいるのだから、腐敗方向に行く可能性が高い。その現象を「田んぼがわく」といって、ブカブカゆるゆるになり、苗が漂うような状態になる。そこをコロガシで撹拌し、よい発酵に進めることになる。特に問題を感じる場所があれば、くん炭をまいて、コロガシで酸素を混ぜてやる。たいていの場合よい発酵に進む。土壌は水のタテ浸透のよい、手の荒起こし、代かきが優れていることになる。初期段階での発酵の方向付けが重要である。

よい発酵なのか、悪い腐敗なのかは泡のニオイ、土のニオイで判断する。ドブのニオイが危険な兆候である。ただし、ニオイがしないからといって、よい発酵方向であるとはいえない。土壌に水が入れば、新しい生態系ができるために、微生物が新たな活動を始める。何らかのニオイがするのは当然のことだ。よい発酵のニオイを記憶する。泡がわく怪しい場所はくり返し転がす。歩いて泡を抜いてやるだけでも効果はある。

コロガシの回数が多すぎて問題が起こることはない。コロガシをやった翌朝には、イネは葉色を濃くして生き生きと変わる。イネが「ああさっぱりした、またやってよね」といっている。よい微生物の環境をつくるためにはコロガシが必要なのだ。

田んぼは日に日に根が広がり、歩けば根をブチブチ切ることになる。コロガシに入るということは根をさらに切るということになる。根を切ることは少しの心配もない。むしろより多くの新しい根が再生し、イネは活力を増していくことになる。

コロガシと同時に補植

コロガシをやりながら、同時にやるのが補植である。苗が浮いたりしてなくなってしまったところを、ていねいに田植えをしていく。分けつしない株があれば、そこにも補植をする。田んぼに水が入ると深水のため、その水圧で抜けて浮き上がってしまう株がある。浮き苗がある程度出るのはやむを得ないことである。そのうえ1本植えであれば、浮き上がりも起きやすい。30㎝角植えでは1本の苗がなくなれば、それなりの減収になる。

補植のための苗は十分に広げて田んぼの隅に並べておく。気が付いたときにすぐにそこからとっては植え込んでやる。朝の水回りの際には、苗のないところを見つけては、徹底して補植をする。そのためには、朝の水回りにはすぐ田んぼに入れるように田靴で行く。草を取りたいとか、水口を直したいとか、田んぼでは何かと作業があるものだ。田靴は脱ぎにくい欠点がある。ビニール袋を一度はいてから、田靴をはくとすぐ脱ぐことができる。

補植は6月中に行なえば、収穫のときにはあとから植えた苗も生育が追いつき、同じような穂をつけている。7月に入ってしまうと、さすがに見劣りする株になってしまう。

9葉期で分けつ20本を目標にする

7月に入ると一気にイネは大きくなる（写真4−19）。葉は、苗のときと同様に1週間に1枚の速度で出てくる。田植えのときが5葉期であれば、4週間たてば9葉期になっている。出る葉が急速に大きくなる。また分けつも増加してこの時期には、2本が4本、4本が8本と鼠算で増えていく。株は太陽光を受けやすいように四方に広がり、開帳型の平べったい扇のような形になる（写真4−20）。

9葉期までに分けつ数を確保することが収量を増やすための一番大きな要素になる。よい苗であれば、この時期にすでに分けつは20本を超えているはずだ。9葉期で分けつ数は20本を目標にする。18本以下の株がないというつもりでいく。田んぼにまかれたソバ粕は微生物のエサになり、追肥の分けつ肥となっている。与えすぎは倒伏につながる。足りないと分けつ不足になる。

この時期に日にちを決めて定点観測をするとよい。毎年同じ場所で写真を撮る。株の太さ、葉の数、分けつ数を確認する（写真4−21）。私は7月20日に決めている。その日はイネにとっ

写真4－19　7月初めの田んぼ

写真4－20　分けつが増えて広がった株姿

てその年の結論がほぼ出たような日だからだ。7月初旬からの3週間で、その年の状態は定まる。どの株も分けつが20本を超えていなければ畝どりにはならない。この時期が穂肥を与えるかどうかの判断日にもなる。

写真4－21　毎年7月20日に行なう定点観測

イネの観察法10則

田植え1カ月後でその年の稲作は定まる。このときの田んぼの土壌状態で、その後の管理を決めればいいと考えている。田んぼの中を歩いてみる。土を握り、触ってみる。その感覚でその年の土壌の状態がわかるように感覚を磨く努力をする。

1、歩いてみて田んぼの深さはどこまで深くなっているか。
2、泥の粘着度はどうか。
3、表層のトロトロ層はどうなっているか。
4、泡のわき具合はどの程度か。泡のニオイは。
5、土のニオイはどうか。
6、水口と、水尻の違いはあるか。
7、草の生えるところはどういうところか。
8、藻が出るとすればどんな条件のところか。
9、生育のよいところ、例年との違い。
10、葉色の淡い変化でおかしなところがあれば、土の確認。

よい生育であれば、その理由を考えてみる。秋起こし、ワラの状態、緑肥、堆肥、天候。苗が重要ということは1カ月後によく表われてくる。1カ月後に分けつが十分でないときは、水温、日照、肥料分が苗に直接的に作用している。水温が低ければ、水温が温かくなる水尻の生育はよいはずだ。日照不足であれば、全体的に生育の遅れが生じている。肥料分が足りなければ、葉色が浅い。いずれにしても株をよく触ってみる。握って硬さを確認する。葉が厚ければ、握るとゴワゴワする。シナシナするようではすべてによくない。

イネつくりは自然にしたがい栽培する。観察する感性と科学的な研究姿勢が必要になる。水管理もその日その日で変えていくほどの細やかさが必要になる。そして天候の影響を強く受ける。その年の天候の読みも必要になる。

水尻でわずかに水が漏れる流し水管理

田んぼの日常管理では水回りが大切である。ついつい朝昼晩と1日3回も見に行ってしまうほどおもしろい。

田んぼは田植え直後から流し水管理である。流し水とはつねに入水をしていて、水尻では水が流れ出るか出ないかの状態に水尻の水位調整板で管理することである。複数の田んぼが上下につながっていれば、途中の田んぼはつねに水が流れ落ちている状態である。

代かき直後の水はタテ浸透が大きい。田んぼの泥の間隙はまだ目詰まりしていない。水が流れているということは、溶存酸素が土の中にも供給されているということになる。新鮮な水が来ることで、土は活性化される。ただし、田んぼの水が15℃以下で冷たいと生育を阻害することにもなるので田植え直後は注意が必要である。少々水口の水温低下で生育が遅れても、たいていの場合は夏になり追いつくので心配はいらない。

それでも苗代と同様、田んぼの水口の前に水温を上げる池をつくるなどの工夫は必要である。小さな池でも2℃は水温が上げられる。水口の池は、水の浄化作用も兼ねることができる。ここにカキツバタなどを植えて田んぼを楽しむことも、小さい田んぼでは大切である。花につられて田んぼ通いの楽しみが増える。田んぼは家の庭のイネつくりなのだ。

漏水防止で水位を保つ

田んぼの水の深さは、初期はヒエを抑えるために8cm以上を保つ。イネが生長していくにしたがい、できればさらに深水にする。そのほうが、イネは大きながっしりした株に育つ。

じつは深水管理はたやすいことではない。深くすれば深くするほど水位を保つことは難しくなる。漏れているのに、場所がわからないこともある。ソバ粕を流してみるとよい。流れ着く場所が漏水している。早朝静かに音を聞いていると、水の流れ出る音で漏水の箇所が見つかることもある。田んぼのアゼだけでなく、中央部からも漏れていることがあるので要注意。アゼを広くしておけば、深水もでき、漏れることが少なくなる。そのうえ水回りで歩くことも気持ちよくできる。

9葉期前後に間断灌水に変える

7月初旬、9葉期になる頃、深水から、水を入れたり止めたりする間断灌水に変えていく。

水は相変わらず流し水管理である。水は最後まで動いていることが大切である。水の調整はイネの生育や天候の状況で変えていく難しいものである。ヒエが少ないのであれば、この時期から浅水にしても大丈夫である。9葉期前後に間断灌水に入るのは、水を入れ替えるねらいがある。そして、イネが栄養生長を終える時期の合図でもある。幼穂形成期に入る。ほぼ生育の展望が見えたあたりだ。水を浅くしたり深くしたりと変化させて、イネに季節の変化を伝える。

間断灌水とは、水を一度落として、再度満水にする。3～4日の周期で行なう。棚田では常時8cm以上は難しいが、20cmもある深水でも、この時期から間断灌水をくり返していく。田んぼの土が歩くことが難しいほどに柔らかい場合は、水を落として1日ぐらい土を乾かして固めて、また水を入れるようなこともする。間断灌水はイネ刈り直前まで続ける。

どうしても干しが必要なとき

このあたりで1回目の干しを入れてもよい。干しとは一度水を切り、田んぼがひび割れるほど乾かすことだ。イネ刈りのための大きな機械を田んぼに入れる場合、土を固めるために行なう。小さい田んぼのイネつくりでは干しはいらない。最後まで根を枯らさないためだ。

手作業中心のイネつくりで干しが必要なときは、土壌がゆるみすぎているとき、虫が出たり、病気が広がりそうなとき、土の腐敗臭が強いとき、株が伸びすぎて倒れそうなときなどだ。問題が起きているときには干しで対応する。だが、干しは基本せず、加減を見ながらの間断灌水がよい。

このあと10葉期頃の7月中旬には、2回目の干しの時期がくる。地域全体で本格的な干しに入ることがある。土用干しと呼ばれる。大きな水路の水を止められてしまうことも多い。事前にいつ水が止められるかを調べておき、その前に水を十分にためて、何とか干しの時期を乗り切る準備をする。

小さい田んぼのイネつくりは、大苗を手植えするために、ほかの田んぼとは生育の段階がずれてしまうこともままある。そのためにも山際の独自に水のとれるような田んぼがよいということになる。

田んぼ見回り棒で草取り、イネの草丈測定

田んぼに行くときは、見回り棒を持って歩いている。棒を持って歩いて、アゼから届く範囲で草取りをする（写真4－22）。

また、イネの背丈を測る（写真4－23）。60cmが初期生育の一つの確認の高さ。60cmになるのが30日目なのか、

40日目なのか、50日目なのか。ここが重要である。また1mにも見回り棒に目印がある。ここより伸びると倒れる可能性が出てくるという印である。120cm以上伸びたら大変という長さである。イネはつねに測定が重要である。

写真4－22　田んぼ見回り棒で草取り

小さい田んぼは、田んぼに入らないでアゼからかなりの草取りができる。見回り棒でひっかけて除草する。アゼ際5列ぐらいまでの範囲はこの棒で何とかなる。

コナギがなくなれば1俵増える。草がなくなれば、田んぼ作業の労働時間が半分になる。草取りを頑張るより、草を出さない努力をする。コロガシをタテヨコ2回行なえば、かなりのコナギは取り去ることができる。イネを押し倒して傷める可能性が出てくるのでコロガシは7月初旬までとし、残ったコナギは拾い草で対応する。

写真4－23　見回り棒でイネの草丈を計測する

このあとの課題は穂肥をどうするかである。倒伏させずに畝どりするのが目標になる。穂肥を与えない栽培では最後の穂の大きさ、粒の張り具合に物足りないものがある。穂肥を与えて穂が大きく重くなれば、当然倒れやすくなる。ある程度土が固められていないと倒れる。少し矛盾した管理になるのだが、間断灌水と〝軽い干し〟を入れながら、土壌を固めていく。

7 幼穂形成期

10葉期の頃、穂をつける

5・5葉期苗の田植えから5週間たつと10枚目の葉が出てくる。この頃イネは穂をつけるという新しい段階に入る。幼穂形成期という。これからは株（イネの体）をつくることや分けつを増やすという方向から、穂を立派に育てるという方向に、イネの生育の転換を図る。この約30日後にイネは出穂日（穂の半分が出たとき）を迎える。

6月初めの田植え前後に与えたソバ粕などの分けつ肥が多すぎると、この時期穂肥を与えることができなくなっている。多収のイネつくりの田植え後1カ月は、分けつを増やすことに専念してきた。肥料分が多ければ分けつは増える。しかし、徒長気味の生長になり、株の背丈を伸ばしすぎることになる。分けつ数は増やしたいが、イネがあまりに高くなってもらっては困る。このギリギリの線をねらわなければならない。

そこで6月中に抑草と微生物のエサとして微妙に与えていたソバ粕を終わりにする。そして、出穂3～4週間前に穂肥を与えることができるようにする。この具合は、なかなか微妙である。

穂肥は一番背丈の高い茎の根元がふくらんだとき

出穂に近づいてくると、与えた肥料が株の背丈には影響しなくなる。株の根元の茎が丸くふくらんでくるので、その時期を見逃さない。

茎を切って調べろということがいわれるが、1本植えのイネは分けつの出る時期がばらつくのでその時期はさまざまになる。

株の中で一番背丈が高い茎の根元が、扁平の楕円から丸みを帯びて円柱になってくるときに穂肥を与えるようにする（図4－8）。

この時期の穂肥は一気に効いてほしいので、できればソバ粕をボカシ肥（発酵肥料）にしておいて与えたほうが効果的である。有機物は発酵させると早く効く。1本植えのイネは、遅れて出てきた分けつにも穂をつけさせることができる。

ボカシ肥を500m^2 15kg

ボカシ肥はソバ粕15kgに水を混ぜて、発酵させてつくる。2週間程度でできる。これを500m^2に15kgまく。

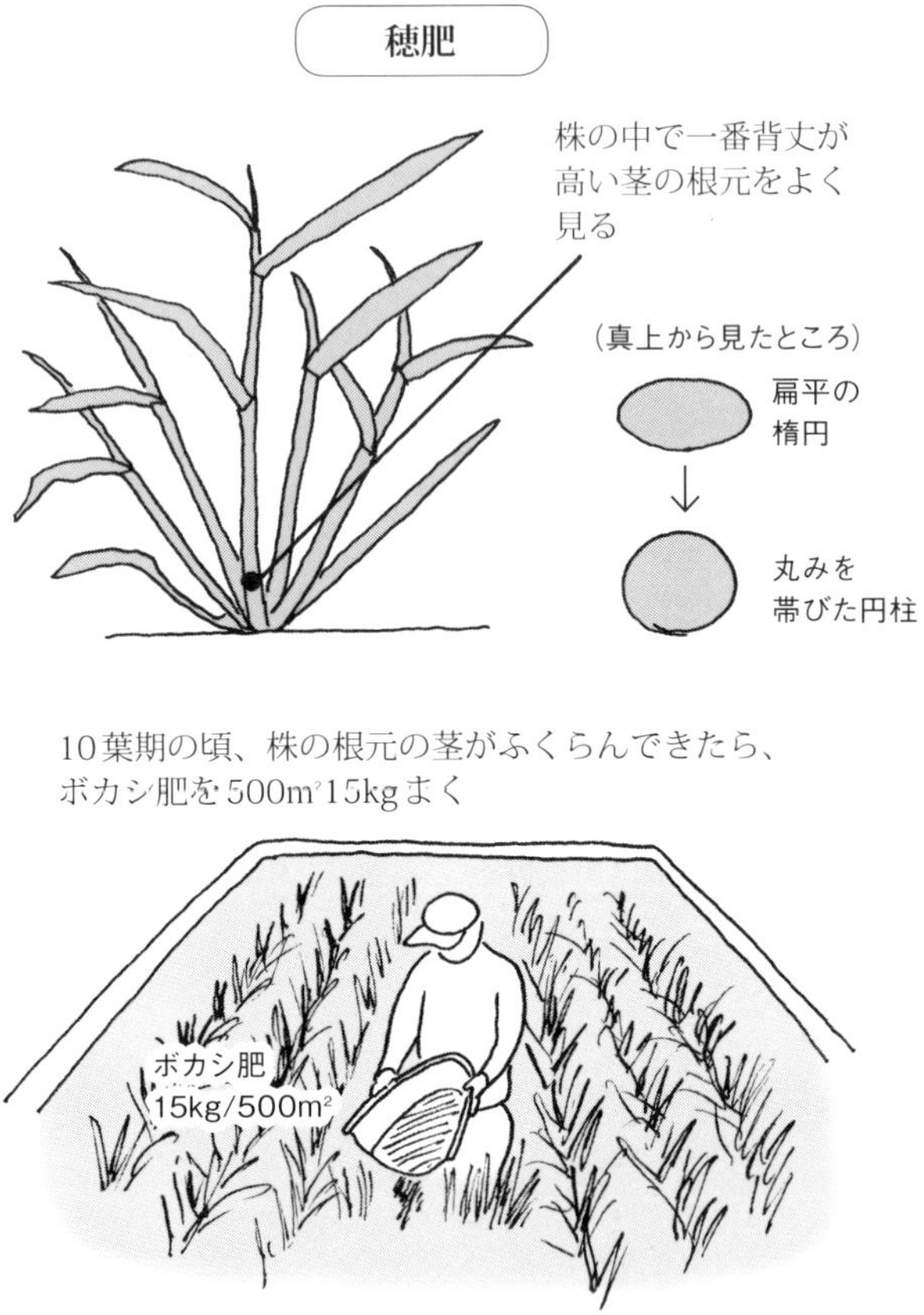

穂肥
株の中で一番背丈が高い茎の根元をよく見る
(真上から見たところ)
扁平の楕円
↓
丸みを帯びた円柱
10葉期の頃、株の根元の茎がふくらんできたら、ボカシ肥を500$m^2$15kgまく
ボカシ肥
15kg/500m^2

図4－8 穂肥のタイミング

ボカシ肥をつくることが面倒であれば、少し早めにソバ粕を直接まいてもかまわない。この場合、肥効が出るまでに少し時間がかかる。葉色は有機イネつくりではいつまでも緑なので、葉色の濃さは気にせず穂肥を与える。

穂肥は穂を大きくして、粒張りをよくする。そして青米も少なくなる。まず1割の増収になると考えてよい。穂肥を多く与えすぎると、味が悪くなるといわれる。それは化学肥料の場合であり、ソバ粕のボカシ肥であれば味を悪くするようなことは経験がない。味は主観的であるからあまりこだわらないほうがいい。どうせ自分のつくったお米が一番おいしいのだから。

また、穂肥を早く与えると倒伏につながるともいわれるが、株の中で一番生育の早い茎に合わせてボカシ肥を与えれば問題ない。2週間程度で効く。水温が上がっているので、穂が大きく伸びていく時期に適切に効果を合わせたい。

8　出穂・穂揃い期

大きくて厚い止め葉が大きな穂をつくる

この時期一番注目したいのが、止め葉である。止め葉の姿がその年の稲作のすべてを表わしている。

写真４－24　穂揃いした田んぼ

止め葉は15枚目の最後の葉である。止め葉は田植えから10週たった７月の２週目ぐらいに出てくる（写真４－24）。止め葉は大きくて厚い葉がよい。長さ60cm、葉幅２cm。厚みは手を切るほどしっかりしていてほしい。高く立ち上がって、背伸びをして太陽の光を受けている姿がよい。さとじまんはこの点すばらしい品種である。この止め葉が大きな穂をつくるといってもよい。

止め葉がツトムシ食害も克服

一度、イネツトムシの食害で、ほとんどの葉を食べられてしまった経験がある。しかし止め葉と穂が遅れて出た。少しもとれないと思われた田んぼで、５俵を超える収穫になった。しかし、止め葉を取り払ってしまえば、穂は充実しない。止め葉の大きさはここまでの栽培の総決算のようなものである。止め葉が大きくなるのはそれまでの栽培によっている。小さいからといってもうこの段階ではどうにもならないことである。小さいとしたら、厚みや大きさを測定して翌年にかけることだ。

この時期に湿度が高い日が続くと、イネの病気が出やすい。イモチ病などの病原菌に感染する。小さい田んぼのイネつくりでも病気が出ないわけではないが、収量に影響するほどの被害は一度もない。病原菌も微生物だ。田んぼの微生物環境のバランスがとれていると、病原菌だけが蔓延するということが起きないのだと考えられる。

土は乾かさない

イネは穂を伸ばしている。この時期は田んぼの土を乾かしてはならない。土を固めるために水は間断灌水にしているが、乾かしてしまうと穂がふくらまない。イネは穂をつくるために大量の水を必要としている時期だ。水を使い穂を大きくしていく。

倒れそうで倒れない背丈

次に注目は株の背の高さである。さとじまんで背丈120cmが限度でとどまっていてほしい。これがなかなかそうもいかないで困っている。

その原因は分けつを増やそうと考えるための分けつ肥である。分けつは平均で20本以上はほしい。このため、ソバ粕の投入をついつい余分に行なう。その結果、株自体が大型になり倒れやすくなる。

ただし、イネが開帳型で、がっしりしていれば、簡単には倒れない。あとは天候次第である。秋が長雨になれば、倒れる。地面から水がわいて、倒れてしまうこともある。難しいところではあるが、120cmをめざして何とか倒れないぐらいでなければ、多収はできないともいえる。

倒れそうなときは、開花を避けて乾かす

倒れても何とかなるのが手刈りのできる小さい田んぼである。このままでは倒れると思えば、田んぼを干す以外にない。それでも花が咲くときは乾かしてはいけない。実入りが悪くなる。イネの開花を避けながら、田んぼを乾かしていく。乾かし気味の間断灌水を行なう。乾かしては少しだけ水を入れる走り水というのも効果がある。間断灌水を絶え間なく行ない、イネを励まし、田んぼの土壌を固めていく。

穂が充実してふっくらとした米粒をつけるためには、根の最後までの活性化が大切である。根が早く枯れてしまえば、穂の粒張りもさみしいものになる。小さい田んぼのイネつくりではこの時期になっても根が活性化を続けている。干しをしないからである。土壌はこの時期も肥料を生産している。ただし、それほど吸収しなくなっているので、水を測定すると、入水より排水のほうが全チッソの量が増えてくる。

アゼ草はできるだけ刈らない

アゼの草はできるだけ刈らない。アゼの草はバンカープランツと考える。

バンカープランツというのは、銀行預金のように、害虫に対する天敵を蓄える植物ということらしい。アゼの草を刈り取ってしまえば、草の中にいた虫たちが行き場を失い、田んぼに逃げ

込むことになる。それがカメムシの吸汁による斑点米につながるともいわれている。私にはその経験がないので、本当のことはわからない。隣の田んぼは農薬散布をしても、カメムシの被害で困っているという。しかし私たちのお米はカメムシの害だという黒い点があったことは一度もない。アゼの草は田んぼというイネ科の単一世界に対して、植物がバランスをとる場である。

緑肥をまくときに、アゼには白クローバをまく。白クローバは踏みつけに強いし、高くは伸びない。年々アゼは白クローバが定着してくれる。白クローバの中に、ダイズのタネをまく。このダイズは若いうちに枝豆で食べると、イネ刈りの邪魔にならないでよい。

作業の邪魔にならない限り、草は刈らない。それでも邪魔なイネ科雑草が繁茂してきたら刈り取り、草は田んぼの中に入れてやる。もし1m幅のアゼが確保できるなら、そこを家庭菜園にするのが望ましい。

9　穂揃い後1カ月

ぎりぎりまで間断灌水を続ける

さとじまんが好きなのは、すべての穂が揃う穂揃いが8月21日になる可能性があるからだ。その日は誕生日で私の名前は「出」である。出穂を祝って付けられたと思うことにしている。

穂が揃うとおおよそあと3週間で水を止めるときがくる。水はできる限り長く、走り水の間断灌水で入れる。間断灌水も、徐々に水を止める時間を延ばして、土壌を乾かしていく。水分を長く保つことで、穂はより充実していく。ここに矛盾が起こる。イネの顔色を見ながら、水を与えたり、止めたりをくり返す。

有機栽培のイネはこの頃でも根は活力を保ち、十分活動をしているので葉は緑である。水が切れると活力を失っていくので、できる限り長く水分を保ちたい。

イネ刈り日の1～2週間前に水を切る

イネ刈り日から逆算して、田んぼ作業が可能になる落水限度日を決める。1週間水を切ればイネ刈り作業ができる田んぼであれば、その1週間前が落水の限界ということになる。ぎりぎりまで水を入れていたいのだから、落水

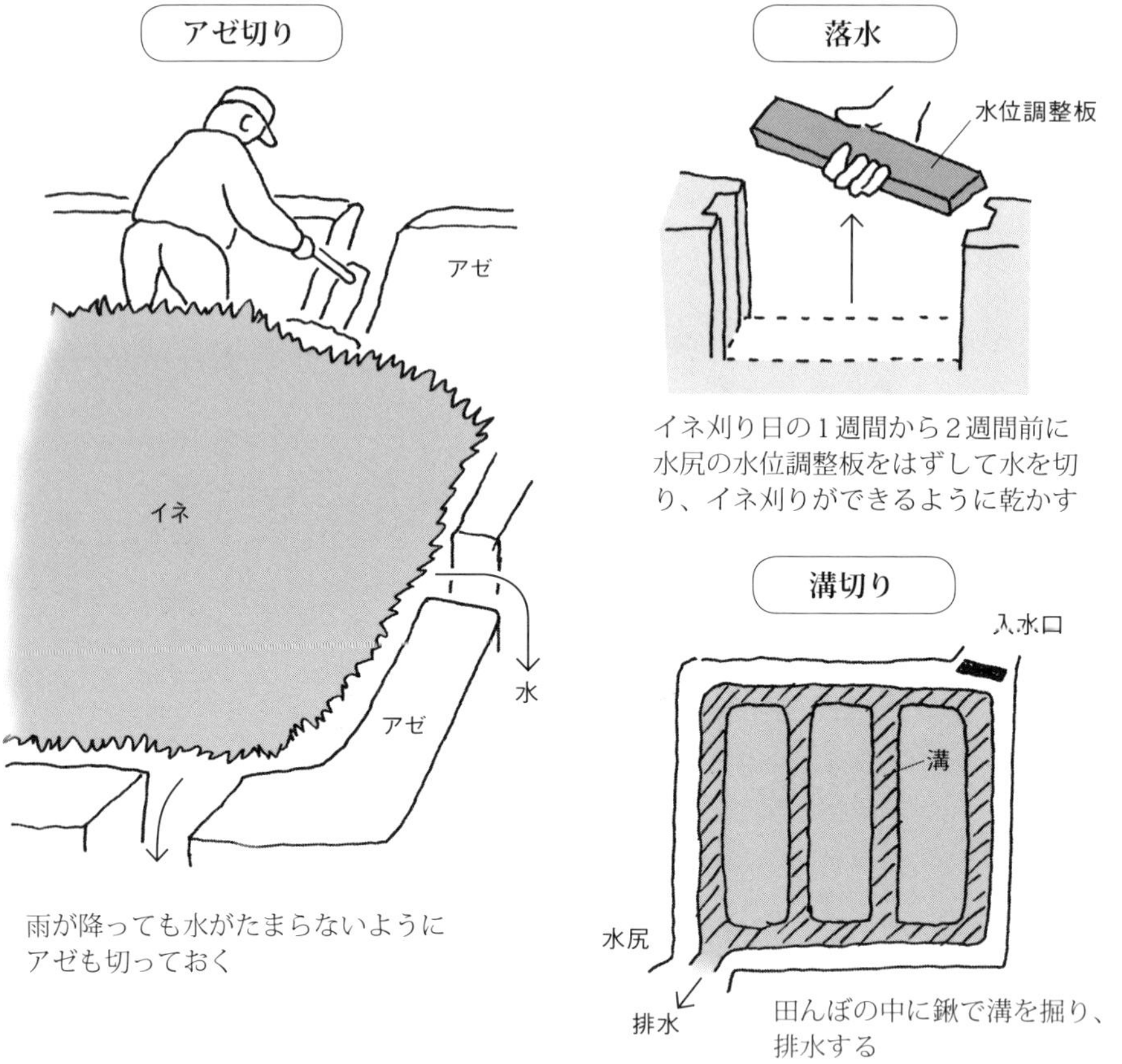
アゼ切り
アゼ
イネ
水
アゼ
雨が降っても水がたまらないように
アゼも切っておく
落水
水位調整板
イネ刈り日の１週間から２週間前に
水尻の水位調整板をはずして水を切り、イネ刈りができるように乾かす
溝切り
入水口
溝
水尻
排水
田んぼの中に鍬で溝を掘り、
排水する

図４－９　イネ刈りの準備

をしたら途端にすべての水がなくなるように田んぼの中に溝を掘り、排水を行なう（図４－９）。

落水は水路の水もできれば来ないようにしてしまう。水路から田んぼの下に水が入り込むことがある。

アゼ切りもする。雨が降っても水がたまらないようにしておかなければ田んぼは乾いてくれない。だから、秋の長雨が予想されるときには、かなり早く水を落とすことにする。

10　イネ刈り

穂の葉柄が黄色になるまで待つ

イネ刈りは田んぼの秋祭りである。

写真４－25　イネ刈りを待つ田んぼ

9月後半から10月初めがイネ刈りになる。田植えから4カ月、さまざまな出来事が田んぼという舞台で起きたことだろう。待ちに待った収穫の秋を迎える（写真4－25）。

イネ刈りの適期の見方が大切である。イネ刈りはできるだけ遅くする。遅くすればわずかといえども収量が増える。早刈りのほうがおいしいということがいわれるが、おいしさより収量を重視している。

イネ刈りは標準よりも2週間は遅らせる。２週間遅らせれば、お米の量が1～2％増える感じがするからだ。まえにも述べたが、１本植えのイネは穂がバラバラに結実し、収穫期を迎える。当然早い穂もあれば、遅い穂もある。遅い穂まで充実させたい。イネ刈り適期は穂の葉柄に当たるところすべての緑がなくなって黄色になった頃だ。

有機のイネつくりでは最後まで根が生きている。しかも刈り遅れたからといってまずくなるようなこともない。この頃でも止め葉は緑のままだ。根が生きているから、水分が減りすぎて脱穀やモミ摺りのときにお米が割れる胴割れ米も出ないし、穂に送られるデンプン不足で粒が白くにごる乳白米も出ない。

お米が15％の含水率になるまで刈らないで、ハザ掛けをせず脱穀したこともある。少なくともお米が20％以下の含水率になるまで待ってイネ刈りをする。ハザ掛けしていると思えば同じことである。

最後までイネが15％の含水率まで倒れないのであれば、そこまで待ってイ

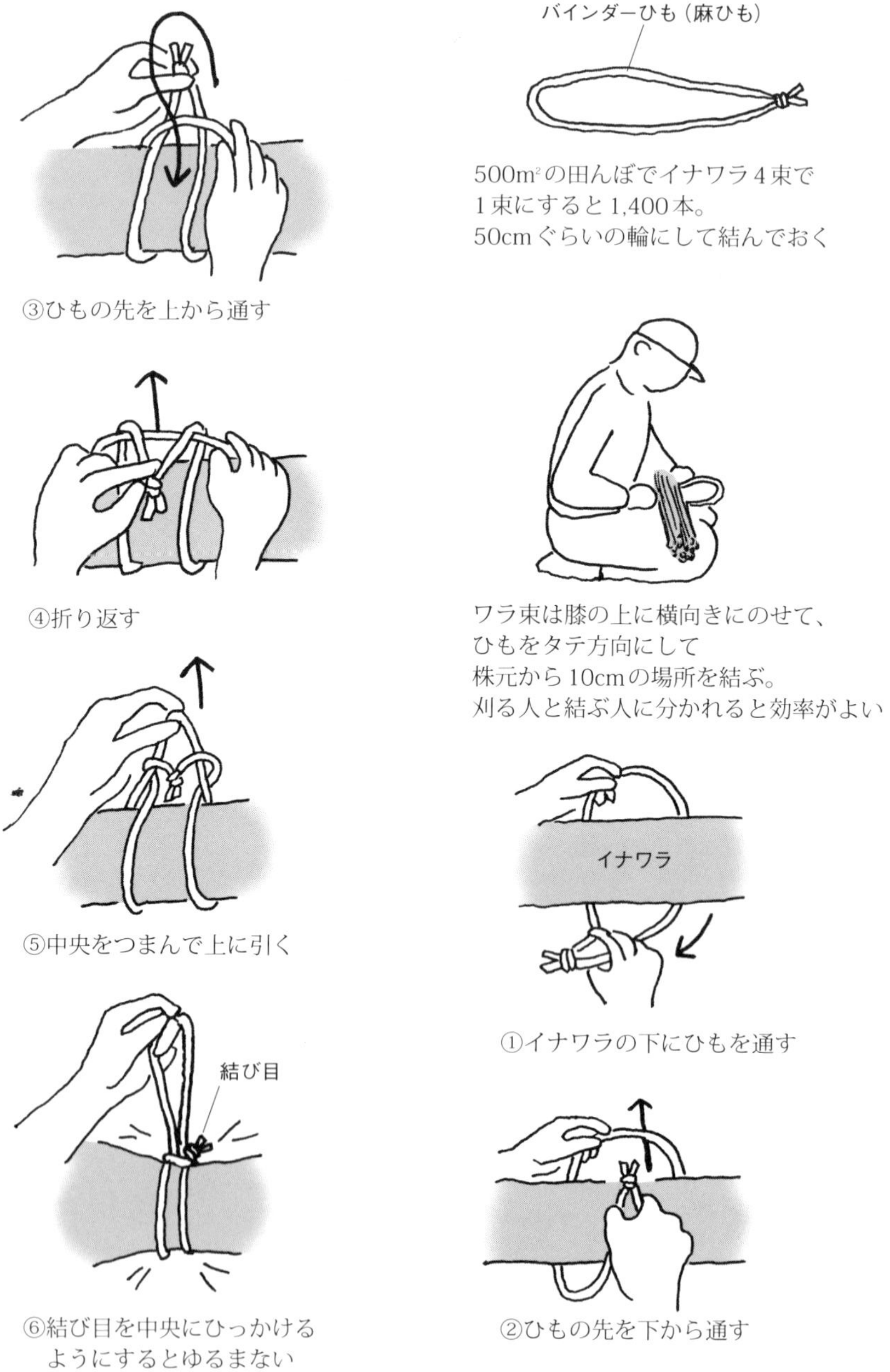
バインダーひも（麻ひも）
500m²の田んぼでイナワラ４束で
１束にすると1,400本。
50cmぐらいの輪にして結んでおく
ワラ束は膝の上に横向きにのせて、
ひもをタテ方向にして
株元から10cmの場所を結ぶ。
刈る人と結ぶ人に分かれると効率がよい
イナワラ
①イナワラの下にひもを通す
②ひもの先を下から通す
③ひもの先を上から通す
④折り返す
⑤中央をつまんで上に引く
結び目
⑥結び目を中央にひっかける
ようにするとゆるまない

図４－10　イナワラの早くて簡単な結び方
――仲間の額田さんが考えたので額田結びと呼んでいる

ネ刈りするのも一つの考え方だ。ハザ掛けという作業が減るのだからそのほうが望ましい。イネは根が活動を続けているあいだは穂の充実が進む。穂の根元からだんだんにふくらみが増し、硬くなっていく。そして最後に穂先の比較的小さめの米粒まで黄色くなる。その穂先の粒まで大きくできれば収量も増える。

手刈り

小さい田んぼのイネつくりでは手刈りとなる。手刈りの限界は500㎡までである。イネを刈り、イネを束ね、ハザ掛けを終わるには4人で丸1日かかるとみなければならない（稲束の太さは、直径7～8cmの太目でよい）。ハザ掛けまで終わらなければ、稲束を田んぼに寝かせたままになって腐ってしまう。稲束をワラで縛ることができるようになればいくらか早くなる。麻ひもで結ぶ場合は、手早くできる額田《ぬかた》結びがよい。あらかじめ50cmの麻ひもの輪を用意する。輪を稲束に回してとめる（図4－10）。

昨年初めて試みた、結ばない方法もある。コンテナに生け花のように刈り取ったイネを立てていく。コンテナをたくさん用意できるなら、結ぶ必要もないし、ハザ掛けもいらないので、この方法が一番早くてラクだ。風にも強い合理的な方法なので、今後試みる人が増えるかもしれない（写真4－26）。

写真4－26　結ぶ必要がなく、ハザ掛けもいらないコンテナ干し

ハザは南北に立てる

ハザ掛けはイネの天日干しである。これはすばらしい景観をつくる。ハザ掛けは美しいものだ（写真4－27）。

地域により、地方により姿は違う。地面に並べて置いていくというハザ掛けもある。太い大束にして、立てておくという方法もある。風の強さ、湿度の高さ、日照の強さ。さまざまな要因があり、それぞれの地域性により、今の形が残されたのだろう。

ハザは均等に乾くよう南北に立てる（図4－11）。あとで、ハーベスターという移動式の脱穀機が通れるように配置をする。ハザ掛けを上手にできるようになれば、見事な百姓である。脚が一方向に揃うこと。まっすぐで高さのバラツキのない竿。脚をしっかりと地面に突き刺すが、潜り込まないように稲株を利用する。

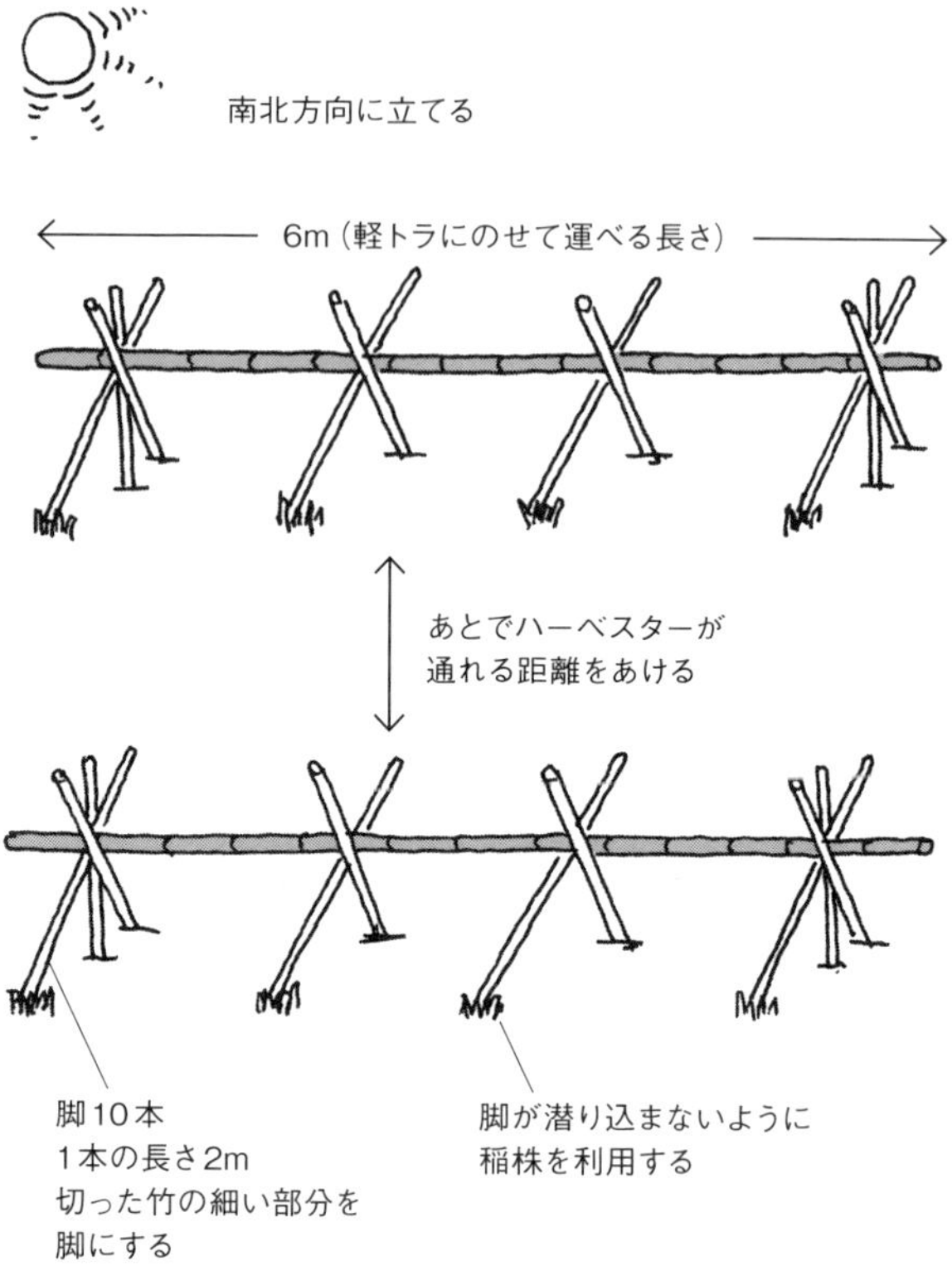

図４－11　ハザ掛けの立て方

乾くには1週間かかる

干しは早く乾く年でも1週間はかかる。全体をまんべんなく乾かすためには、途中で掛けたイナワラを裏返して、掛け直してやる。場合によっては干しても干しても湿気が戻り、乾かない年もある。あまり長く干していると、獣害にあうこともままある。イノシシが引きずり倒す。明日台風が来る

写真４－27　ハザ掛けをした田んぼ

となれば、会社を休んでまでも脱穀をしなければならないことも起こる。

モミガラが簡単にはがれたら脱穀

ハザ掛け後1週間が経過し、15%以下の含水率になったら脱穀をする。ハザ掛けが長すぎても問題ないので、水分計がない場合はモミガラを取り除いてみる。モミガラが簡単にはがれなければ乾いていない。お米を割ってみる。つぶしてみて、べたべたでなければ、だいぶ乾いている。売られている新米の玄米は含水率13%である。歯で噛んでみて乾燥具合を覚えるとよい。

脱穀はハーベスターで

脱穀をするには、脱穀とワラやゴミの選別が同時にできるハーベスターを使うことが一般的である。ハーベスターでやれば、500m²が2時間もあれば終わるであろう。足踏み脱穀機も使える。これだと1日がかりになるはずだ。

モミ保存が最も優れている

収穫の終わったモミは屋根のある場所で一度広げておく。モミ袋に入れて積み上げておくと一部に水分が集中するようなことが起こる。雨続きで含水率20%もあるお米を脱穀した場合、広げて扇風機で風を当てておく。1日1回かき回してやる。ネズミが来ないように工夫をする。

モミになったお米は、そのまま保存しておくのが一番よいが、玄米にしてしまうのが一般的である。玄米にするにはモミ摺りをしなければならない。モミ摺りは手作業で行なうのが一番難しい作業になる。叩いてモミガラを取り、玄米にすることはできるが、あまり現実的ではないほど時間がかかる。水車で行なったことがあるが、半日かけて20kgのお米が限界であった。

モミのまま保存しておくこともできる。玄米保存の1・5倍とかさばるので保存の場所をとるが、劣化もしにくい。モミガラが優れた保存容器であることがわかる。玄米保存より優れている。食べる都度、モミ摺り精米を行なうという手段もある。玄米で食べるとすれば、小型のモミ摺り機（大竹製作所など）もあるので、これだけは機械を使うという考えもよい。家庭用の精米機（みのる産業や山本電気など）もある。これならば、モミ保存から精米まで、合理的にできる。

いずれにしても、小さい田んぼは楽しくやらなければならない。手作業のこだわりも大切であるし、また時間を合理的に使う必要もある。体力的に大変であれば、機械を使うことをためらう必要はない。一番ラクな方法を模索することだ。考え方によっては、最後のイネ刈り以降を農協などに作業委託してしまうという手段もある。

ハザ掛けの終わった竹竿は必ず雨に当たらないように早めに片づける。大切に使えば10年は使える。管理が悪い人は、金属製のハザ掛けパイプを購入する。ただし、パイプは高価なものなので、コンテナ干しを考えたほうがいいだろう。

11　翌年のための秋の土づくり

写真４－28　秋起こしの終わった田んぼ

秋起こし、緑肥の種まき

イネ刈りの終わった田んぼはすぐに秋起こしをする（図４－12、写真４－28）。秋起こしはやらないで、イネ刈りと同時に緑肥をまくこともできる。

冬のあいだの田んぼの状態が、田んぼの土壌をよくするためにはとても大切なことだ。初めて田んぼにする場所ならば、10月には始めるとよい。

田んぼでは必ず緑肥を育てる。緑肥はまずレンゲをつくることから始めるとよい。

緑肥のタネをバラまきする。レンゲなら、５００m²にタネを２kgまく。そして軽く土をかぶせる。雨が降る前にタネをまくと土をかぶせなくても、よく発芽する。早く発芽させるために、土に湿り気のあるイネ刈り前にまいてしまうこともある。タネをまいた上から、イナワラをほぐしてかぶせ、土の表面を覆う。ワラが乾燥と寒風から緑肥を守ってくれる。さらにその上から、田んぼにお礼するという気持ちで５００m²当たり60kgぐらいのソバ粕をまく。冬のあいだワラをひっくり返しながら、２～３回に分けてまく（写真４－29）。冬場の肥料は多すぎるというようなことは起きにくい。緑肥に肥料を与え、土の中にいる微生物にエサをやっていることになる。ソバ粕まきも雨の前がワラの分解が進んでよい。

1　秋起こし
イネ刈りが終わったらすぐ、できるだけ細か
く表土を耕す（秋起こしはしなくてもよい）
2　緑肥の種まき
緑肥（レンゲ）のタネ
2kg/500m²
①緑肥のタネをバラまきする。
雨が降る前にまくと、よく発芽する
②レーキや熊手を使うなどして、
軽く土をかぶせる
3　イナワラまき
イナワラをほぐしてかぶせ、
土の表面を覆う
4　ソバ粕まき
ソバ粕
60kg/500m²
イナワラをいったんひっくり返し、そ
の上からソバ粕を２～３回に分けてま
く。雨前にまくと、ワラの分解が進む
5　苗代のソバ粕まき
苗代部分
ソバ粕
2m²に1kgを
２～３回
冬のあいだに苗代予定地にも
ソバ粕をまいておく

図４－12　秋起こし・緑肥の種まき

基本のレンゲ、草抑えの菜の花、土壌改善のムギ

田んぼが１００m^2で60kgとれるようになったら、基本のレンゲからほかの緑肥に変えてもよい。

レンゲはチッソを固定するので、直接の肥料になる（写真４－30）。田んぼの草が多くて気になるなら、菜の花の系統のキカラシがよい（写真４－31）。春にすき込むと抑草には効果が高い。もし土壌の改善をしたいと思うのであれば、オオムギやライムギをつくる（写真４－32）。ムギは根が深く入り込み、土壌の通気がよくなる。緑肥植物の根が地中で何をしているかを考えて緑肥を選択する。

菜の花がよく育つ土が目標

緑肥は１月いっぱいはそれほど生育しない。土に十分な力があれば、この

写真４－29　菜の花とイナワラの上にソバ粕をまく

写真４－30　レンゲ

写真４－31　菜の花

あいだ緑肥は根を伸ばしている。根が十分生育していれば、陽差しが強くなるにしたがい、目覚ましい生育を見せる。2月には一気に生育できる肥料分が土壌に備わっていなければならない。

特に菜の花の場合は、充実した土壌でなければよく育つものではない。有機栽培でありながら、冬の緑肥の菜の花がよく育つようになったら、よい土壌ができあがったということになる。

写真４－32　オオムギ

アゼには白クローバをまく

田んぼのアゼは緑肥ではないが、やはり腐植の生産の場にしていく。アゼの草刈りをしたら、田んぼに入れる。それは田んぼのどの段階でも同じことになる。アゼの草はバンカープランツでもある。イネ科以外の草がアゼに繁茂している状態をめざす。アゼにさまざまな虫がいるという状態が、田んぼという単一の作物環境を緩和できる。

アゼには白クローバをまいて、1年中低い草がある状態をめざす。草は刈らなければ作業性が悪くなるが、作業前に刈るぐらいがちょうどよい。

12　田んぼを整える

モミガラくん炭つくり

小さい田んぼでは、特に冬のあいだ、作業があるわけではないが、それでも冬のあいだにやりたい作業はいくつかある。まずはくん炭つくり。

一番の利用法は翌シーズンの苗つくりだ。そして、土壌改善で田んぼに入れる。

やり方はまずくん炭をつくる場所の中央で焚火をする（図4－13）。その上から円錐形の覆いをかぶせ、中央に煙突を立てる。モミガラを周囲にかぶせて、背の高さほどの大きさな円錐をつ

煙突
覆い
（くん炭器本体）
ホンマ製作所製
水
①くん炭を焼こうとする場所の中央で落ち葉や木くずに火をつける
②上から円錐形の覆いをかぶせ、中央に煙突を立てる
③モミガラを周囲にかぶせて、背の高さまで円錐をつくる。朝6時に着火して夜の6時にできあがる
④広げて水をかける。翌朝完全に冷たくなってから袋詰めをする

図４－13　モミガラくん炭つくり

くる。朝6時に着火して、夜の6時にできあがる。焼きあがったら広げて水をかける。翌朝には完全に火が消えているので袋詰めできる。しかしまだ再燃する不安があるので、しばらくは外に置く。

昔は田んぼのあちこちでくん炭をつくっていたものだが、今の時代この煙が苦情になる。人家の近くではできない。本来焚火の煙は、よいものである。煙に含まれたものが田畑をよくする。畑で出たものを畑で、田んぼで出たものを田んぼで燃やす。行なうべきよいことであり、苦情をいわれるようなことではない（法律でも、農業を営むためにやむを得ないものとして行なわれる農業廃棄物の焼却は認められている）。

くん炭はいくらあっても無駄にはならない。畑でも田んぼで、使い道はいくらでもある。生のモミガラは難分解

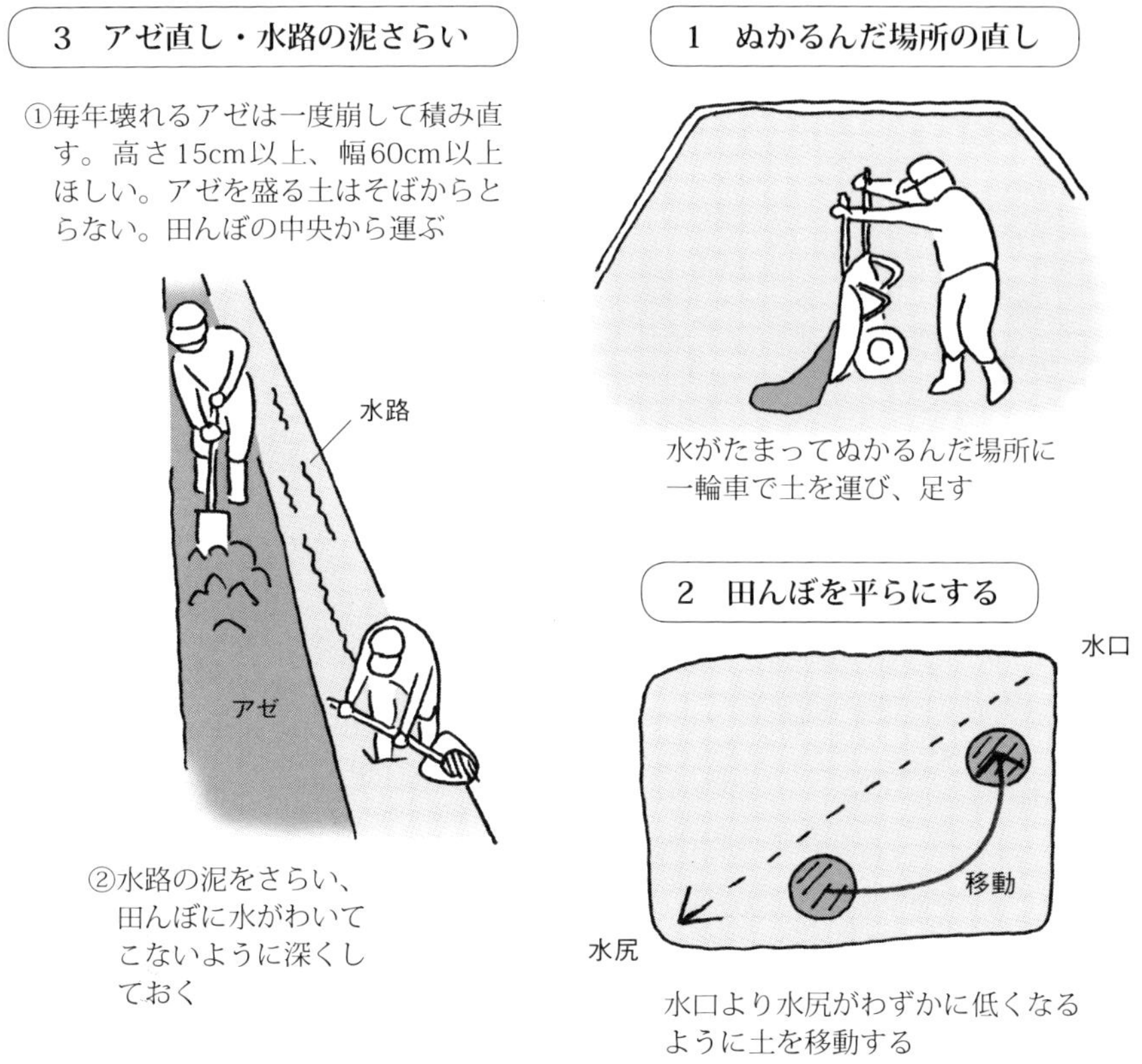
3　アゼ直し・水路の泥さらい
①毎年壊れるアゼは一度崩して積み直す。高さ15cm以上、幅60cm以上ほしい。アゼを盛る土はそばからとらない。田んぼの中央から運ぶ
水路
アゼ
②水路の泥をさらい、田んぼに水がわいてこないように深くしておく
1　ぬかるんだ場所の直し
水がたまってぬかるんだ場所に一輪車で土を運び、足す
2　田んぼを平らにする
水口
移動
水尻
水口より水尻がわずかに低くなるように土を移動する

図4－14　田んぼの直し

でなか手ごわいところがある。通常、分解して土をよくするには3年もかかる。くん炭にして投入すると翌年には土と同化していてよい。

田んぼの直し作業

田んぼのぬかるんだ場所の直しである（図4－14）。ぬかるむ原因はそこのあたりが低くて水がたまるということもあるが、水が地中からわいていることもある。棚田では隅にそうした場所があることが普通だ。田んぼの下に川に向かって水路があると考えられる。いずれにしても、ぬかるんだあたりに土を足してやる。一輪車で土を運び込む。

田んぼを平らにするのも冬作業だ。田んぼは水のあるあいだにわずかな起伏を確認して図に記しておく。そして冬のあいだに一輪車を使い土を移動する。水口よりもわずかに水尻を低くし

て、水尻をあければすべての水が抜けるようにする。水口と水尻は対角線上につくると、水が平均して回るようになる。

アゼ直しも冬場にしておく。アゼは幅60㎝以上で田面から15㎝以上の高さがほしい。それ以上高いのも作業性が悪くなる。アゼは毎年壊れる場所がだいたい決まっている。沢ガニやモグラ、ネズミが穴をあける場所だ。一度崩して積み直す必要がある。

冬のあいだに水路の泥さらいも行なう。水路はつねに草や落ち葉が埋まって高くなる。水路を深くしておかないと、田んぼに水がわいてくる原因になる。しかし、あまりに一度にさらってしまうと、トンボのヤゴやホタルの幼虫がいなくなるので要注意である。

もし田んぼへ来る水が冷たい場所であれば、田んぼの入り口に水を温める池をつくる必要がある。そこにクワイや蓮などをつくればよい。入水口の池は田んぼに来る水をよい水に変えてくれる場所でもある。生活排水などが入る田んぼ、あるいは上の田んぼの化学肥料や除草剤が流れ出てくるような田んぼであれば、入り口の池がある程度汚染を緩和してくれる。

第5章
さらなる安定多収のために

1　自家採種を行なう

自分の田んぼに合った品種ができる

自分の田んぼに合った、つくりやすいイネをつくり出すことも、小さい田んぼでは大切である。小さい田んぼは個性の強いイネつくりになる。自分の個性を生かすためには、自分の品種が必要になる。生育の判断も、長年自分がつくっている品種であれば、的確な判断をすることができる。イネはほとんどを自家受粉する作物である。自分の田んぼの中でよい株を選び、その穂のモミをまくという「自家採種」と「選抜」を5年くり返せば、自分の品種ができる。

販売目的の農家では自家採種はできない。自家採種では「コシヒカリ」というように、銘柄を明記して売ることはできないことになっている。農協から種モミを購入して初めて銘柄を特定できるようになっている。小さい田んぼでは自家採種のほうが自分の田んぼになじんでつくりやすい品種になっていく。勝手に元「さとじまん」で今は「笹村種」だといえばよいと思っている。

自家採種の田んぼは1本植え

自家採種の方法は1本植えであることが重要である。一般に販売されている種モミは1本植えではない。イネはタネ一粒ずつ、性格がかなり違う傾向になる植物である。背丈が伸びるもの、分けつをしないもの、ノゲをつけるもの、実りの時期が遅れるもの、さまざまに性格が現われる。その性格はつねに野生種の持っていた性格に戻ろうとする傾向がある。

現在つくられている品種は交配が進んで、多収でつくりやすい、病気になりにくいものが選抜されている。しかもその交配は、よりおいしいお米が求められているため、かなり特殊なものといえる。

そこで、自家採種ではいつも自分の望ましいイネに合わせて選んでいきたい。選ぶためにはイネ1本1本の性格を見極める必要がある。1本植えならよい性格も悪い性格も明らかになるが、複数植えだと性格がわからなくなる。だから、種モミは1本植えでなければ自家採種はできない。イネは90％

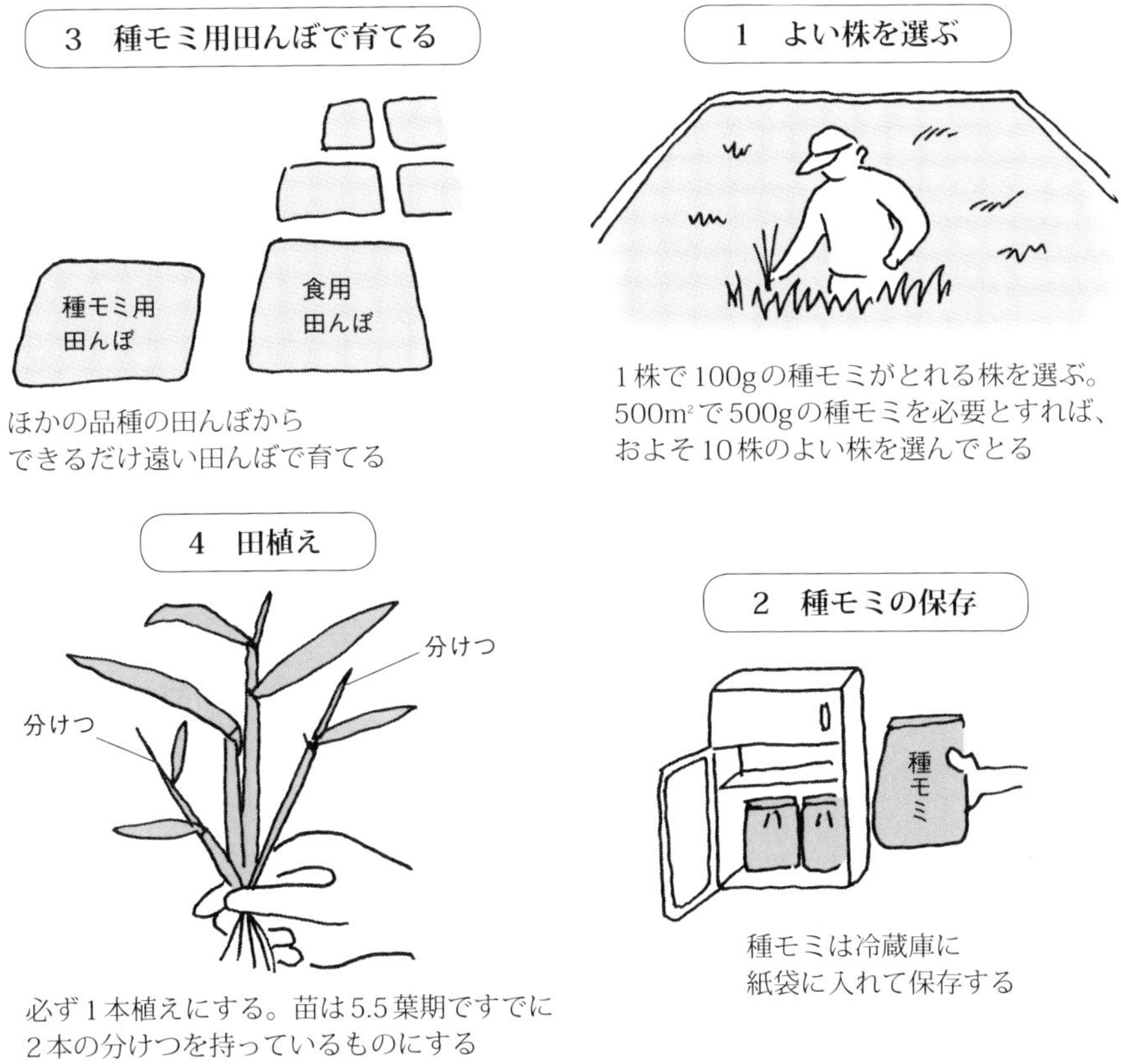

図5－1　自家採種のやり方

以上が自家受粉である。周囲の株との交雑はほとんどないとみてよい。どんな株を選ぶかが大事である。

　分けつを25本以上した株。がっちりしている株。倒れなかった株。葉に斑点など怪しいものがいっさいない株。病気のない株。止め葉が60㎝あるもの。穂が130粒以上のもの。実りの時期が揃っているもの。ただし、あまりによすぎるものは避ける。よすぎるということが突然変異ということもあるからだ。特別ではない範囲で望ましい株を選ぶ。他家受粉もするので、そばにほかの品種が植えられていない場所であることは当然だ。

　自分の田んぼで普通によいものを選んでいくと、その田んぼに適合した品種になっていく。5年自家採種して、バラツキが出ないことが目標。田んぼのやり方もそれぞれ千差万別である。自分がつくりやすい望ましい品種の選択をくり返せることも、小さい田んぼのイネつくりの醍醐味だ。

10株から500gの種モミをとる

500㎡の田んぼで500gの種モミを必要としたら、おおよそ10株のイネからとることになる（図5－1）。まだ充実していなければ、15株になるかもしれない。田んぼの中をよく探して、よいほうから10株を選ぶ。もし10株のうち1株に分けつしない株があれば、10%のイネは分けつをしない株になりかねない。

よい穂は1穂が普通120粒ぐらいになっている。これは幼穂形成期に根の活力が最高の状態になっていることが作用している。幼穂には120粒は超えるお米になる資質がある。ところが幼穂が形成される頃に十分に根の活力がないと、あるいは肥料がないと、80粒ぐらいまでであとは退化してしまう。この退化してしまう傾向や分けつしないことが肥料の問題だけならよいのだが、イネの遺伝的な性格で、それが種モミに含まれると困る。

1本の株で130粒以上の大きな穂がある株。穂を25本以上つけている株を選抜する。病気に強いということも重要だから、病気が出たような株は用心深く種モミからはずさなければならない。粒張りがよいことも必要である。1000粒重量がどのくらいになるかも測定の必要がある。種モミ株は別に手刈りをして、手で脱穀する。種モミ分だけ別扱いにする。種モミだけは家に持ち帰り洗濯物のように干している。種モミの含水率は13～15%なら保存がきく。

2　天候を読む

天候を予測してできる限りの対応をする

イネつくりは天候を読まなければならない。すべてが理想的に展開していたとしても、水害、台風ですべてが無に帰することもあるのが農業である。

翌年のために1年間1kgの種モミは冷蔵庫に保管している。小さい田んぼでも、250gの種モミはつねに保存する。何があるかわからないという不安である。幸い種モミがとれないというほどの被害にはあっていない。それでも秋の長雨でイネ刈りが困難を極めたこともある。苗床に氷が張るほどの寒さが来て、苗が大きな被害を受けたこともある。天候は確かに天の采配で致し方ないことではあるが、天候を予想してでき得る限りの対応はしたい。

　小田原の久野の天候であれば、たぶん気象予報会社に頼むよりも私のほうが当たるのではないかと自負している。予報がはずれれば、大勢が集まる共同の作業は収拾がつかないことになる。お茶の作業であれば、1カ月前には今年の茶葉の伸び具合を決めてみんなに案内をしなければならない。それは、桜の開花宣言を予報する以上に難しいことだ。

仕事の手順を考える大きな要素になる

　天気図は刻々と発表されている。インターネットを活用して、十分先を読めるようにしておく。重要な天気予報は、長期予報である。今のところ気象庁の長期予報は半分ははずれる。半分ははずれるということは、でたらめを予報しても同じということである。

　昔からの言い伝えのほうが的確であったりするので、その年暖かくなる時期、夏の暑さ、台風の発生など、自分なりに考えて記録しておく。そして週間予報も必ず考える。これに関してはかなり天気予報は当たるので、ネットにある情報を一つではなく、海外の予報も含めすべてを比べて判断する。自分の地域ではどのネット予報が比較的当たるのかがわかってくるはずだ。

　今日は何時頃雨が来るか。強い陽射しになるか。天候の変化はその日の作業に大きな影響がある。仕事の手順を考える大きな要素になる。ソバ粕をまいても、雨が降って流されてしまい無駄になることもある。雨が降ってくれてありがたい場合もある。天候の変化と農作業は結びついている。小さい田んぼのイネつくりでは天気予報士にならなければならない。

毎年天候の変化を記録しておく

　毎年の天候の変化を記録しておく。種まきの時期の地温、気温、水温。こうした記録を残すことが、重要である。毎年川の温度とわき水の量を計っている。これが同じ立春の日でも大きく違う。春分の日から1カ月は連続で測定する。これでその年の傾向が見える。

3　観察記録をつける

見たことをその場で言葉化する

観察記録をつけるのは小さい田んぼのイネつくりの基本である。稲作農家で育った人であれば、子どもの頃から何となく見ているだけで、イネつくりの流れが身についている。春祭りのあとに種まきとか、運動会のあとにイネ刈りとか、身についている。しかし、イネつくりの経験のない人は、すべてが初めてのことである。何もかも記録しておくことが必ず役立つ。

私の場合、気づいたことはブログ(https://blog.goo.ne.jp/sasamuraailand)に写真入りで残してある。その場で写真を撮って、イネのサイズを測り、そのままタブレットでブログに投稿しておけば、間違いがない。ほかの人にもそれを参考にしてもらうこともできるだろう。参考になる指摘がもらえるかもしれない。ブログは簡単だし、写真もいくらでも載せておける。あとあとの文章の整理もラクだ。そのうえ無料でできる。見たことをその場で言葉化する。これが観察には重要なのだ。人にもわかる言葉にすることで、客観性のある正確な観察ができる。

まずは葉齢を数える

観察力を向上させるための第一は、葉齢を数えることである。葉の数である。まずは葉は週に1枚出ると決める。実際は6日から8日のあいだに1枚なのだが、わかりやすく週に1枚と考えて大丈夫だ。種をまき1週目で1枚、5週目の田植えで5葉期と考える。三つの株を選んで出てきた葉にマジックで番号を書いておく。10枚目が出る頃、つまり10週目あたりで、イネは体つくりから、タネ（子孫）つくりの時期に変わる。そして15週目に15枚目の止め葉が出てイネの葉は最後になる。このように整理すると、イネの生育がわかりやすくなる。これはあくまで考え方の基本である。14枚のものもあれば、16枚のものだってある。品種によっても違う。5月1日にタネをまけば、10週目の7月初旬が要注意の日だと頭の整理がつく。この基本の葉齢の骨格のうえに、色やら形やら匂いや味について観察を加えるとぐんとわかりやすくなる。

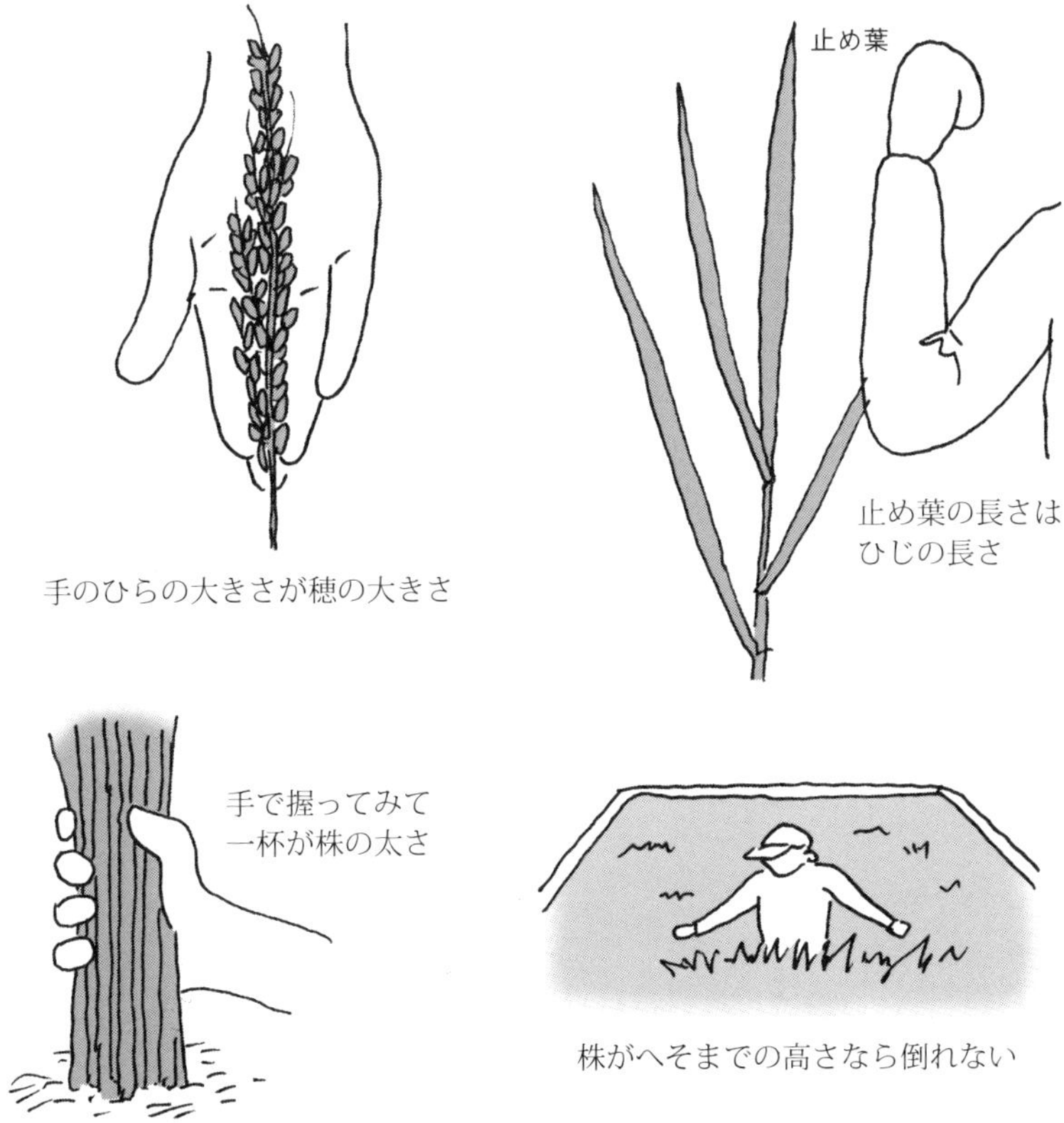

図５－２　観察は体で覚える

体で覚えるコツ

観察は体全体で行なう。見るだけでなく直接稲株を触る。葉の厚み、弾力を確認する。匂いを嗅ぐ。食べてみる。体が覚えなければ、田んぼの観察はできない。

たとえば、手のひらの大きさが穂の大きさ。止め葉の長さはひじの長さ。手で握ってみて一杯が株の太さ。田んぼに入り、株がへそまでの高さなら倒れない。メジャーで測るというより、体のあちこちで記憶しておく（図５－２）。いちいち道具を取り出すようなことでは、観念的な観察になる。田んぼ見回り棒を持っていることも大事である。ときには葉っぱをちぎって食べてみる。そうしてイネのすべてと一緒になるための観察が大切になる。

裸足で土の感触の違いを知る

田んぼには裸足で入ってみる。土の感触の違いを体で知る。体の沈み方、足にくるざらつき、ぬめり、あぶくの出方、匂い。小さい田んぼであれば、何度でもくまなく歩き回れるだろう。田車によるコロガシにはそういう意味もある。田んぼに入るのはイネにもよいことである。また自分にもよいことだ。これで水虫がなくなったという人がいる。足もみ治療のようなものだ。他所の田んぼにも入れてもらうとよい。田んぼの土というものがさまざまであることが体でわかるだろう。

田んぼ見回り棒でイネの丈を測る

まえにも述べたように、つねに田んぼ見回り棒を持って歩いている。棒を持って歩いて、アゼから届く範囲でひっかけて草取りをする。

また、イネの背丈を測る。60cmにいつなるのかが初期生育の確認の高さ。７週目の７葉期であれば順調に生長している。８週目の８葉期では遅れている。ここが重要である。また１mにも見回り棒に目印がある。９週目より早い時期にここより伸びると倒れる可能性が出てくるということである。イネの最後の大きさの目安が１２０cmだから、１m以上伸びたら要注意ということである。

毎年同じ場所で同じ時期に見る

観察では、見る能力を高める必要がある。葉色を見るといって葉色板を使うのはあくまで補助器具である。写真を撮るのもあくまで補助的なことだ。朝と夕方で何となく葉の様子が違うというようなことを、敏感に感ずる「見る力」を養う必要がある。漠然と見ているのではその能力を育むことはできない。私は長年田んぼの絵を描いてきた。その絵を描く目で葉の色を感じている。絵を描くとは見たものを画面に記録するということである。今イネがどのような状態であるかを、全能力でとらえて絵を描く。イネを好きになれなければ、小さい田んぼのイネつくりの観察は成長しない。

定点観測も行なう。毎年同じ場所で、同じ時期の同時刻に写真撮影をする。自分の感じている観察を、例年の状態と比較する。この蓄積がイネを見る能力を高めることになる。おもしろい発見をすることにもなる。去年どうだっただろうか。一昨年はと比べてみて初めて、今やるべきことが何か見えてくる。田植え終了後。田植え3週目。7月20日に決めている。そして8月20日穂揃い期。年に4回、同じ場所で写真撮影をしておく。例年と比べて今の状態がどうかを判断できる。そのときどきの打つ手立ても判断できる。葉齢、分けつ数、株を握った太さ、茎の太さ、葉の大きさ、背の高さ、そのときどきを記録しておけば、田んぼの宇宙への興味も倍増する。

4　葉色診断

チッソ量は少なくとも緑濃く生育する

有機のイネつくりでは土壌のチッソ分が少なくても、一般のイネつくりより葉色はつねに濃くなる。その理由を考えてみる。

　有機栽培を続けている田んぼの土壌分析をすると、チッソ量が一般の田んぼより半分くらいしかないことが多い。にもかかわらずなぜかイネの葉色は濃くなる。理由は単純ではないと思われるが、イネの根の吸収能力が大きいとみてよいのではないか。有機のイネは高い吸収力を備えている。なぜ吸収力が違うかといえば、微生物が土壌に豊かさを与えているからではないか。土壌からの吸収には根圏微生物のかかわりが大きい。腐植が多く、微生物の活動が盛んになるとすれば、チッソ量は少なくともイネは緑濃く生育する。

生きものの循環によってチッソが供給される

さらに田んぼでは水からさまざまな栄養分が供給される。田んぼ自体がチッソ分を生産している場になっている。田んぼの中では草や藻や浮草が大量に発生する。そしてさまざまな生きものが生活している。生まれては死んで分解される生物の循環的生産が起きている。有機のイネつくりの田んぼは、いわば堆肥場のようになる。栄養分をつくり続けながら、イネを育てている状態なのではなかろうか。

　藻が生えればその藻は光合成をして生長を続ける。そしてそれは枯れて分解されたり、微生物のエサになったりしながら、土に戻る。光を受け取り、生成された養分を土に返す。田んぼでは生きものの循環が起きる。水生昆虫やオタマジャクシが大量に現われる。そのエサとなるミジンコやユスリカの幼虫がいるからだ。さらに小さな微生物は莫大に存在する。それが大きな生産力になり、土壌分析的には半分程度のチッソ分しかないにもかかわらず、チッソが供給され続けることになる。

イネ刈り寸前まで緑濃い

そのために葉色は一般のイネつくりよりも葉色の緑が濃いことになる。その濃さは最後まで続く。この田んぼの世界を想像し、イネの生育を考える必要がある。どの時期に何を行なえばよいのかが見えてくる。葉色の緑が濃いだけではなく、イネの背丈も高くなる。

有機のイネつくりの葉色は、イネ刈りの寸前まで止め葉は緑色を保つ。出穂期以降徐々に緑の濃さは薄れてはいくが、穂揃い後1カ月でも葉に緑が残っている。緑を保っているということは、葉は光合成を続け、根が活動を続けている。これが穂を最後まで育てることにつながる。

5　2粒のお米が1杯のご飯になる

お米の能力

1杯のご飯は炊く前のお米の量にして約65ｇである。1本植えの苗が20本に分けつし、穂をつける。一つの穂に120粒のお米が実る。1粒のお米は0.02ｇ強ある。1株で2400粒のお米になる。1株でおおよそ50ｇのお米になる。2粒の種モミがあれば、100ｇ。大盛り1杯のご飯になる。お米は2400倍になるのだ。お米というのは本当にすごい能力の植物だ。

日本人の主食はお米だったのだが、毎年消費量が減り、1年間に1人が食べる量は五〇数kgになった。近いうちに50kgを割ることになるだろう。もうそれでは日本人の主食がお米とはいえないということになる。

500m^2で家族4人がまかなえる

60kgのお米は100m^2の田んぼがあればできる。2人家族であれば、200m^2の田んぼがあれば足りるということになる。だから、小さい田んぼのイネつくりを500m^2以下と見ているのは4人家族でも大丈夫という意味になる。

それくらいなら1人でもやれるという人もいるだろう。いや共同でなければできないという人もいる。はっきりしているのは稲作技術がなければできないということだ。２００㎡までなら機械などまったくなくともできる。

技術があれば自給できる

やれるかやれないかは家族の暮らしぶりにもよる。暑い夏の草取りなど、だれにとってもなかなか厳しいものがある。忍耐の力が試される。収量も60kgのお米をとる技術を確立することが大切なのだ。２００㎡あっても60kgとれない技術もある。農業は技術である。特に手作業中心の自給農業は技術がすべてともいえる。技術がなければ4～5倍の労力が必要になる。謙虚に学ばなければ、技術は高まらない。

ここに書いたものは実践記録である。間違いもあるかもしれない。間違いを承知でやってみているのが小さい田んぼだ。日々の迷いも書いている。そのほうが参考になると思うからだ。

自給など無理だと決めつける人もいるが、本当の技術力があれば、じつはそれほど大変なことではないということだけはわかってほしい。こうして楽しみながら４０００年の循環農業は行なわれてきた。

協働、助け合いで地域が守られる

稲作を集落共同で行なう。それは水というものでつながる暮らしである。水は独り占めすれば、争いになる。水争いはきれいごとではない。命がけのもので、知恵を出しうまく分け合うことで地域全体の維持が可能になる。これが日本人の誕生だ。2粒が1食になる稲作。このすばらしさに、協働する自給農業の意味を日本人は知ったのだと思う。

協働することは結構我慢がいる。10人いれば、それぞれである。能力の多い人もいれば、能力の少ない人もいる。しかし、1食の量は同じである。子どももいれば、お年寄りもいる。鼻つまみもいれば、へそ曲がりもいる。それでもご飯1食は同じだ。助け合う日本人が田んぼでできた。田んぼを通して日本人ができた。武士道などと偉そうにいうが、到底百姓の暮らしに及ぶものではない。日本人の絵は瑞穂の国の農民の絵画だ。循環する自然の世界観に満たされているのだ。

6　田んぼにかかる時間

田んぼの条件で違う

小さい田んぼは時間がかかる。どのくらいかかるかを長年記録してきた。食糧自給に年間365時間。そのうちイネつくりには年間100時間が肉体労働的なもの。1時間以内の作業が100回。

これは田んぼの条件で大きく違ってくるだろう。扱いにくい田んぼもあれば、ラクな田んぼもある。アゼから日々水が漏れる田んぼであれば、1日行けなかっただけで田んぼが崩壊している可能性もある。安定した平地の田んぼであれば何事も起こらず、1年に田植えとイネ刈りにしか田んぼには行かないと豪語した農家さえある。家から近ければ、何かのついでに田んぼに回ることができる。条件が悪く、東京から通っての田んぼとなれば、毎週往復3時間というような時間が通うだけで必要になる。

技術で大きく変わる

時間短縮でいえば、技術のレベルで時間のかかり方は大きく違ってくる。無駄な作業に時間をかけていることが多い。私も技術のない時代は3倍の時間がかかっていた。

草取りはこの時期というタイミングがある。その時期を逃して作業するとなれば、10倍も時間がかかることになる。コロガシもそうだ。ラクに転がせる田んぼなら、半日ですむものが、転がしにくい土壌条件の田んぼであれば、2日もかかる。もしかしたら体力的に無理になるかもしれない。田んぼ技術がなければ3倍も時間をかけて半分しか収穫がないというのが、小さい田んぼのイネつくりである。

みんなでやれば早い

田んぼを1人でやるとしたら、家の前の田んぼなら何とかなるかもしれない。田んぼが遠くにしか借りられないとしたら、グループでやるほかない。

私は石垣島から、小田原まで通いで、手作業の300㎡の田んぼをやろうと考えている。みんなの田んぼならそれもできる。田んぼのそばにいる人が、水回りだけを担当する。みんなの田んぼになれば労働時間は3分の1になる。

この共同作業は、現代人の一番苦手なことだ。ついつい平等とか、公平とか考えてしまう。全員がみんなのためを思わなければできない。人のためなどどうでもいいというのが、今の社会である。イネつくりが集落をつくり出したように、イネつくりを通して、心の通う、他者を思いやる人間関係が生まれることを願っている。

9月	10月	11月	12月	1月	2月
	秋から冬の管理				
1～2週前 溝切り・落水	イネ刈り				
	緑肥の播種・イナワラまき	（冬のあいだに）田んぼの均平直し 水路の泥さらい アゼ直し モミガラくん炭つくり			
	ソバ粕まき①			ソバ粕まき②	ソバ粕まき③
1～2週前 溝切り・落水					

（私が管理する田んぼの栽培スケジュール）

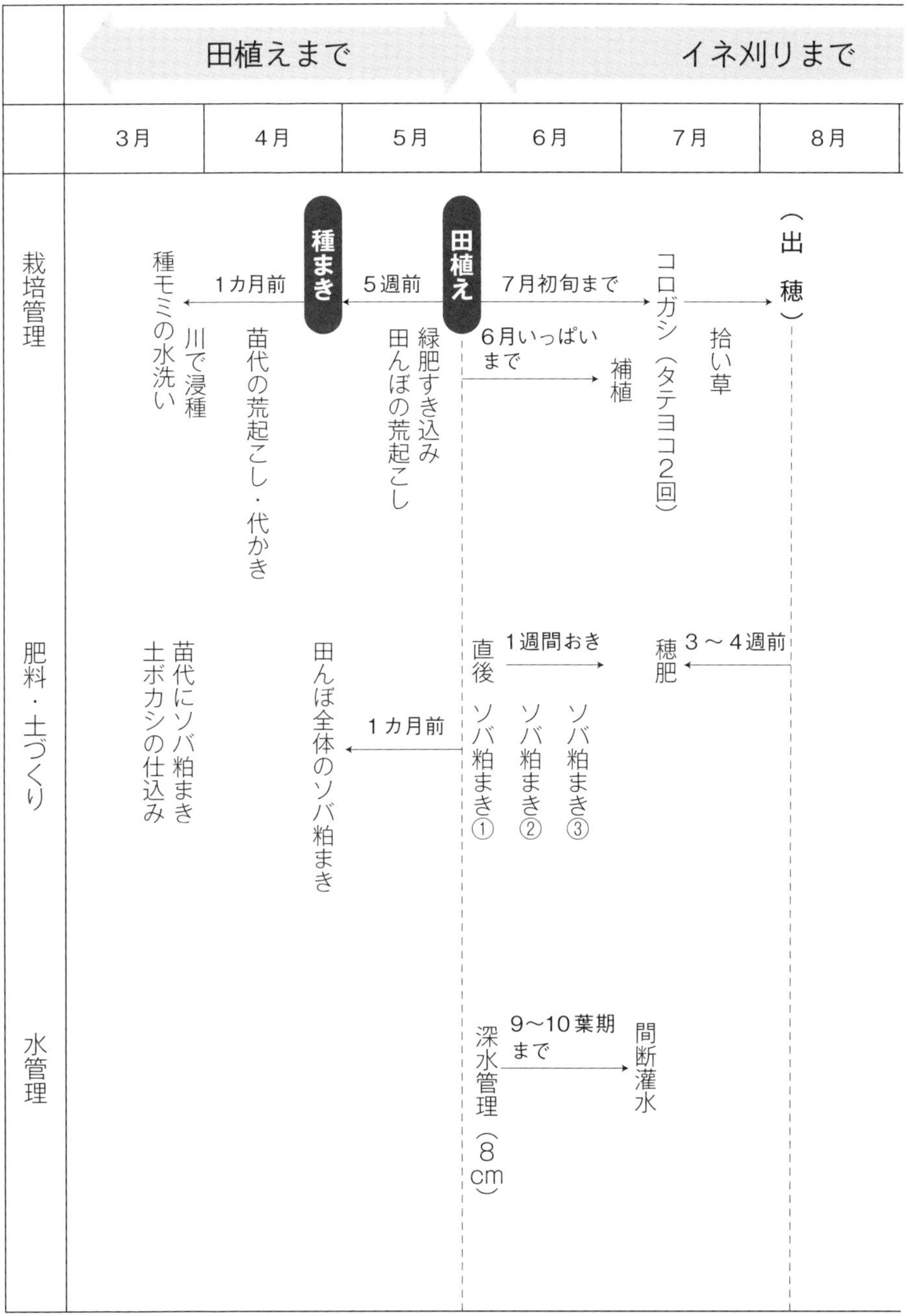
田植えまで
イネ刈りまで
3月
4月
5月
6月
7月
8月
栽培管理
種まき
田植え
（出穂）
種モミの水洗い
川で浸種
1カ月前
苗代の荒起こし・代かき
5週前
緑肥すき込み
田んぼの荒起こし
7月初旬まで
コロガシ（タテヨコ2回）
拾い草
6月いっぱいまで
補植
肥料・土づくり
苗代にソバ粕まき
土ボカシの仕込み
田んぼ全体のソバ粕まき
1カ月前
直後
1週間おき
ソバ粕まき①
ソバ粕まき②
ソバ粕まき③
穂肥
3～4週前
水管理
深水管理（8cm）
9～10葉期まで
間断灌水

年間の作業暦

あとがき

書き終わってみると、まったく不十分である。あれもこれも抜けていて心配になる。しかし、あれもこれも加えてしまえば、初めての人には混乱してしまい、余計にわかりにくくなるという心配もある。

この本は三つのことを、主題にしてまとめた。一つは、小さい田んぼには有機のイネつくりが最善の方法だということ。二つは、自給のイネつくりを始めなければ日本の伝統稲作が消えるということ。そして三つ目が30年の実践に基づく、だれにでも再現可能な科学性である。

１００枚の田んぼがあれば、１００通りの農法があるという点が一番の心配である。イネつくりはつねに応用問題なのだ。ここには私の実践に基づく基本を整理したが、始めてみれば違うことがいくらでも出てくるはずだ。だからこそ、考え方を書いておいた。ここに示した考え方を応用すれば、たいていの問題は解決できるはずだ。日本の伝統稲作を守るために、ぜひとも多くの人の手を貸してもらいたい。

私は石垣島と小田原の２地域居住になるが、小田原で３００㎡の小さい田んぼで、研究を継続するつもりだ。実践記録を提出しただけでまとめてくれたのは農文協の編集の西尾さんである。感謝しきれない思いで満ちている。

著者略歴

笹村　出（ささむら　いずる）

1949年　山梨県藤垈で生まれる
1986年　神奈川県山北町で開墾生活を始める
1990年　自然養鶏園「あいらんど」を設立する
1993年　「あしがら農の会」を設立する
1998年　月刊誌『現代農業』に自然養鶏について連載
1999年　神奈川県小田原市久野で田んぼを始める
2012～2016年　連続でイネの畝どり（100m² 60kg）を達成
2019年　石垣島に移住。小田原との２拠点生活を始める

著書

『発酵利用の自然養鶏』（農文協、2000）
『農家になろう　ニワトリとともに』（農文協編、2014）
『あしがら農の会の25年　有機のコメづくり』（あしがら農の会刊行、2018）

もしわからないところがあればメールでお願いします。
E-mail：sasamura.ailand@nifty.com

だれでもできる 小さい田んぼでイネつくり
緑肥とソバ粕で 100m² 60kg

2019年 5月30日　第1刷発行
2022年11月15日　第3刷発行

著　者　笹村　出
発行所　一般社団法人　農山漁村文化協会
〒107-8668　東京都港区赤坂7－6－1
電話　03（3585）1142（営業）　03（3585）1147（編集）
FAX 03（3585）3668　　振替　00120-3-144478
URL https://www.ruralnet.or.jp/

ISBN 978-4-540-17130-7
〈検印廃止〉

DTP制作／㈱農文協プロダクション
印刷／㈱新協
製本／根本製本㈱

定価はカバーに表示
乱丁・落丁本はお取り替えいたします。